火山

噴火のしくみ・災害・身の守り方

饒村曜 著

成山堂書店

2015年

口永良部島 新岳噴火

5月29日9時59分、新岳で起きたマグマ水蒸気噴火。黒い噴煙（写真下：10時01分）は火口上空9000 m以上に達し、その後水蒸気主体の白い噴煙（写真上）に変わった。

（写真：国土地理院 HP）

（写真：口永良部島金岳中学校2年　F君）

2013年〜

西之島噴火

**世界の科学者たちが注目！
海底噴火によってできた新島（写真右）は西之島と一体化し、なおも成長を続けている（写真左）。**

（写真：左右ともに海上保安庁）

2013 年

桜島噴火

昭和火口では爆発的噴火が
118 回も発生するなど、活発な噴火
活動が継続。多量の噴煙が
5,000 mまで上がった。

真：NASA Goddard Space Flight Center）

2015 年

御嶽山噴火

秋の行楽が一変、
57 名が亡くなり、5 名が
行方不明という戦後最大の
火山被害となった。

（写真：陸上自衛隊 HP）

はじめに

平成7年1月17日、私は阪神淡路大震災を神戸で経験しました。その後、あっという間に時が過ぎ去ったような気がするし、ゆっくり進んでいるような気もします。日本は地震国であり、火山国です。いつか、ふたたび大規模な地震や火山噴火があります。そのときに役立ってこその対策です。役立つ話でなければ、阪神淡路大震災の犠牲が活かされません。勤務していた神戸海洋気象台は、職員のほとんどが被災者で、気象台の建物も半分が直ちに立入禁止、残りも取り壊しをせざるを得ないほどの大きな損傷をうけました。交通や電気、電話など、神戸の町のインフラが停止しましたが、気象台は観測も予報も一回も止めることなく業務を継続できました。実際に役立つ対策のためには、経験者が冷静に経験を語る必要があると思い、『防災担当者の見た阪神淡路大震災』と『図解・地震のことがわかる本』の2冊を書きました。中学生の頃、新潟市で新潟地震とそれに伴う津波を経験しましたが、そのときのかすかな記憶が、阪神淡路大震災で役立ったことを伝えることの大切さを思ったからです。その後、平成16年に勤務した福井地方気象台で福井豪雨を経験しましたが、気象台が避難指示区域にあり、床上浸水をしながらも、観測も予報も一回も止めることなく業務を継続できました。役立ったのは阪神淡路大震災の経験でした。

阪神淡路大震災から16年が経過し、平成23年3月11日に東日本大震災が発生しましたが、大災害の発生後に起きるさまざまなことは同じでした。阪神淡路大震災の経験を活かせば、もっと減災できたのではないかと思います。また、東日本大震災の経験は、地震であれ、豪雨であれ、火山であれ、次の大規模災害に活かせると思います。昨今、「防災」という言葉がよく使われます。これに対し、私は、あえて「減災」という言葉を使っています。大災害の経験を、「減災」というキーワードで見直すのが大切ではないかと考えているからです。防災により自然災害を抑えこむことができれば、それが一番で、防災を否定しているわけではありません。それに向かって進むべきと考えています。ただ、防災のためには時間と費用がかかります。この時間と費用がかかりすぎると、現実的ではないとして諦めるのが一番困ることになります。

人間の一生は自然のサイクルに比べて非常に短いものです。自分が過去に経験したことがないといっても、それは決してめずらしいことではないという謙虚さと、日常的に堅実で誠実な生活、命さえあれば必ずより良い状態にできるという信念、加えて、先人たちが幾多の犠牲と引き換えに得てきた自然災害に対する知恵の継承と、いろいろと大切なことがあると私は考えます。

本書が「過去の自然災害をしつこく思い出すこと」につながり、記憶のどこかに火山災害などの自然災害に対して大切なことが残り、いつか役に立てば幸いです。

平成27年11月　饒村　曜

目次

最近メディアをにぎわしている噴火情報。まずは記憶に新しい火山の噴火を振り返ってみよう。

ぼるちゃん

火山は恐怖だけでなく、恵みももたらしている⁉
巨大地震と火山には共通点がある⁉
地球内部から火山ができるしくみを知ろう！

日本は火山国！
近年噴火した火山はこれまでどんな噴火を繰り返してきたのかな？
代表的な火山を紹介するよ。

いざというときのために！
噴火にそなえた情報と対策を
知っておこう！

なるやま君

第１章　にぎやかになった日本の火山

（1）戦後最悪の火山災害（２０１４年の御嶽山噴火）

長野県と岐阜県の県境に位置する御嶽山（おんたけさん）（３０６７ｍ）は、標高では全国14位ですが、火山としては富士山に次いで二番目に高い山です。３０００ｍ級の山としては、比較的登りやすい山として、古来から信仰のためなどで多くの人が登っています。しかし、山頂付近は森林限界を超えているため、地肌がむき出しであり、強い風と寒さを直接受けるため、江戸時代には登山者の病気や凍死による死亡記録がたくさん残されています。１８６８年（明治元年）に黒沢口8合目に「女人堂」と呼ばれる山小屋が営業を開始し、避難小屋として外国人の登頂で始まった近代登山を遭難から守っています。

御嶽山は、火山としては約2万年前から静穏期に入り（最近1万年間で4回のマグマ噴火と10数回の水蒸気爆発が起きたと考えられています）、地質調査等から５０００年前の噴火が最後とされてきました。有史以来の記録がなく、火山学者の多くは、御嶽山はもう噴火することがない山ということで死火山と認識されてきました。しかし、１９７９年（昭和54年）10月28日に水蒸気爆発が起き、「死火山大爆発」といわれました。この噴火が活火山の定義を見直すきっかけと

表 1-1 「活火山」の定義の変遷

日本の活火山の数		活火山の定義
1960 年代〜	63	過去 10 世紀程度までに噴火の記録がある火山
1975 年〜	77	噴火の記録のある火山及び現在活発な噴気活動のある火山
1991 年〜	83	過去およそ 2000 年以内に噴火した火山及び現在活発な噴気活動のある火山
1996 年〜	86	（新たなデータにより 3 火山の追加）
2003 年〜	108	概ね過去 1 万年以内に噴火した火山及び現在活発な噴気活動のある火山
2011 年〜	110	（新たなデータにより 2 火山（天頂山、雄阿寒岳）を追加）

なり、日本国内における火山の分類（死火山、休火山、活火山の定義）そのものが見直されました（表1-1）。現在では「休火山」、「死火山」という用語は使用されていません。多くの登山者は昼頃に山頂に到着をめざしますが、1979年の最初の噴火は5時頃と、登山者が山頂付近に少ない時間帯で、約50名の登山者に死者は出ていません（負傷1名）。日曜日でしたが、観光シーズンも終わりに近づいていたことから登山者数そのものも多くはありませんでした。

1984年（昭和59年）9月14日8時48分に御嶽山南麓で発生した長野県西部地震（M6・8）では、御嶽山南斜面で大規模な山体崩壊が発生しています。地震によって崩壊した大量の土砂は、木曽川水系の濁川上流部を3kmかけ下り、王滝川にまで達し、15人が死亡するなどの被害が発生しています。御嶽山は噴火が収まっても、火口付近に堆積した噴出物が、地震や大雨によって流下することによる災害が発生するおそれがある山なのです。

御嶽山は、2014年（平成26年）9月10日の昼頃から火山性地震が増加し、6年半ぶりに日回数で50回を超えています（図1-1）。しかし、振幅はいずれも小さく、火山性微動も山体膨張もみられませんでした。このため、気象庁地震火山部が11日10時20分に発表した「火山の状況に関する解説情報第1号」では、警戒を呼びかけていましたが、噴火警戒レベルは、レベル1

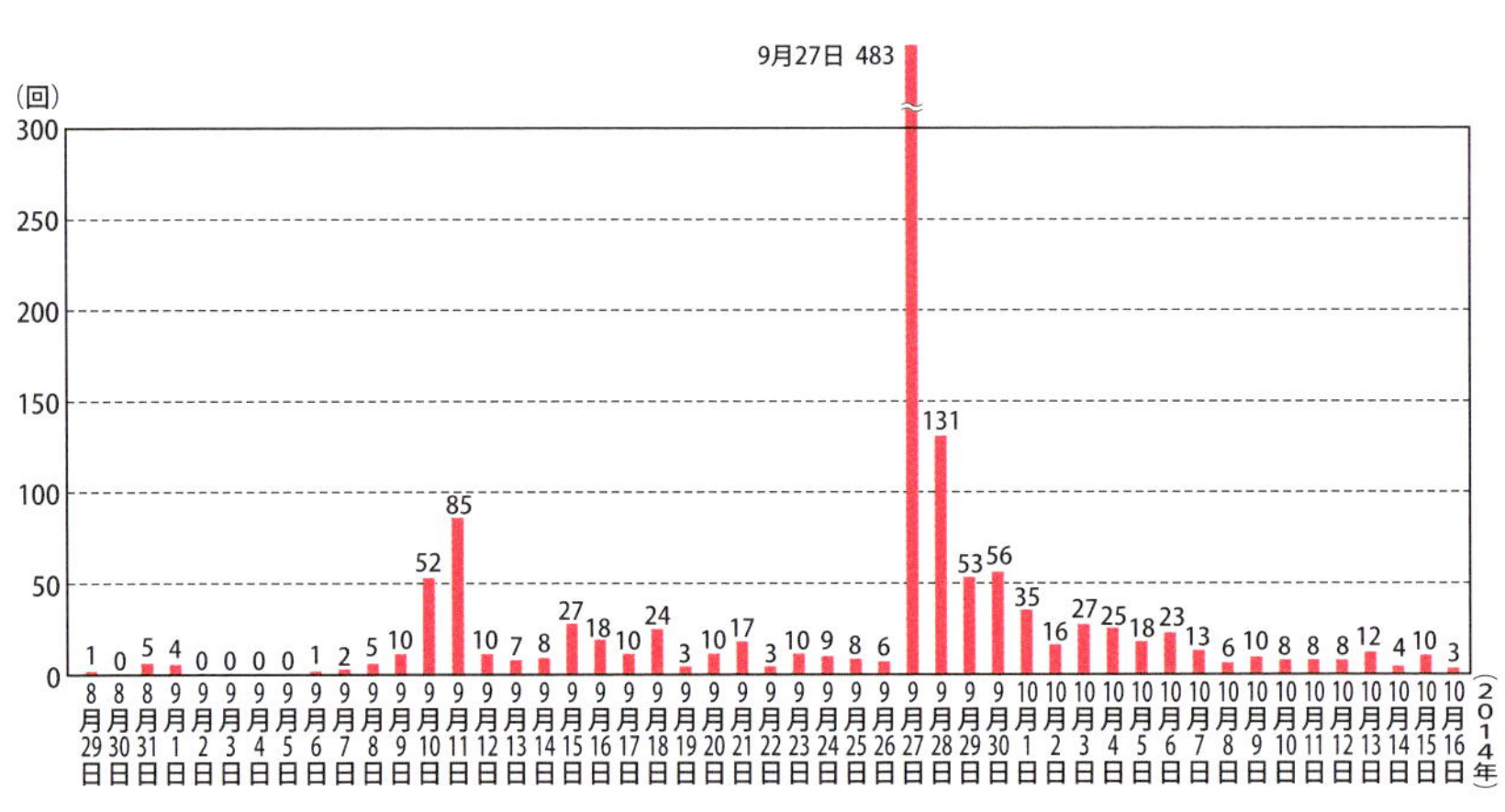

図 1-1　火山性地震回数の推移（気象庁 HP より）

の平常のままでした（表１-２：噴火警戒レベルについては第４章２節参照）。その後に発表した第２号、第３号も火山性地震の発生回数が更新されただけで内容は一緒でした。このため、自治体も警戒を登山者に呼びかける等の行動はとっていませんでした。しかし、９月27日11時41分頃から連続した火山性微動が発生し、11時53分に山頂付近から水蒸気噴火をし、噴煙が５０００m以上に上がっています。このため、登山客は無警戒の状態で被災し、死者57名と、平成３年の長崎県の雲仙普賢岳の火砕流による死者43名を超え、戦後最悪の火山災害となりました。このように大きな被害となったのは、御嶽山の紅葉シーズン真っ盛りの土曜日で、朝から晴れて登山日和であったことから、近隣だけでなく遠方からも多くの登山客が訪れていたことに加え、噴火の発生時刻が登山者が絶景を眺めながら昼食をとろうと山頂付近に集結していた頃でした。この頂上付近は森林限界のため身を隠すような樹木はなく、避難小屋や御嶽神社の社務所などに逃げ込む前に多くの人が死傷しました。加えて、死者のほぼ半数が噴火の写真を携帯電話等で撮影していたことなどから、写真撮影のため避難がワンテンポ遅れたのではないかと考えられています。気象庁では、12時36分に噴火警戒レベルを、レベル２の火口周辺規制を飛び越え、レベル３の入山規制に引き上げています。噴火警戒レベル３は、平成10年に噴火警戒レベル運用開始から初めてのことです。また、16時08分の解説情報では、火口から４km程度の範囲では大きな噴石の被災等に警

表 1-2　御嶽山の火山の状況に関する解説情報（平成 26 年 9 月）

番号	日時分	噴火警戒レベル	防災上の警戒事項
第１号	11 日 10 時 20 分	レベル 1	御嶽山では、2007 年にごく小規模な噴火が発生した 79-7 火口内及びその近傍に影響する程度の火山灰等の噴出の可能性がありますので、引き続き警戒してください。地震活動が活発になっていることから、火山活動の推移に注意してください。
第２号	12 日 16 時 00 分	レベル 1	〃
第３号	16 日 16 時 00 分	レベル 1	〃
第４号	27 日 16 時 08 分	レベル 3	御嶽山では、火口から 4km 程度の範囲では大きな噴石の飛散等に警戒してください。風下側では火山灰だけでなく小さな噴石（火山れき）が遠方まで風に流されて降るおそれがあるため注意してください。爆発的噴火に伴う大きな空振によって窓ガラスが割れるなどのおそれがあるため注意してください。
第５号	27 日 16 時 30 分	レベル 3	〃

戒を呼びかけています。
噴火警戒レベル3で大きな被害が発生しましたが、一般的には火口付近だけの小規模な噴火です。１９７９年10月28日の水蒸気爆発は、２０１６年（平成26年）とほぼ同じ場所での噴火でしたが、大きな被害は出ませんでした。災害の大きさはいろいろな要因によって変わり、噴火規模の大きさとはリンクしていませんが、噴火警戒レベル4以上では、必ずといっていいほど、甚大な被害が発生します。

（2）日本の領土が増えた2014年の西之島の噴火

東京の南約１０００㎞の小笠原諸島父島の西、約１３０㎞に西之島があります。今から１０００万年前の噴火によって誕生した火山島で、４０００m級の海底からの火山ができ、その火口の淵の一部が海面に姿を現した１９７３年までは噴火の記録がない島でした。南西から北西方向に長いといっても６５０m、幅が２００m、一番高いところでも標高25mと小さな島で、井戸水もなく農耕に適さないことから無人島となっていましたが、まれに難破した船が漂着し、中には助かった乗組員等がいます。近年では、１９２８年（昭和3年）に父島と母島を結ぶ定期船「母島丸」が難波して漂着し、海藻や鳥を食べて命をつなぎ、一週間後に救助された例があります。

１９７３年（昭和48年）５月に有史以来始めて噴火し、９月には近くに西之島新島が誕生しています。その後成長した新島は西之島と陸続きになりましたが、噴火が終わると波等の侵食作用を受け、この時に噴火してできた陸地の大半は海に没しています。しかし、２０１３年（平成25年）11月には、西之島の南東約５００mの海上に噴火で新島が誕生し、その後拡大して西之島と接続して両島が一体化し、その後も拡大を継続しています（図１-２）。１９７３年の噴火に比べると溶岩の流出量が多いことから、噴火が終わっても侵食されにくいとの考えもあります。また、溶岩は安山岩が主体であることからプレートが沈み込むことによって発生する火山と考えられています。しかし、他の小笠原諸島やハワイ諸島の島のように海の真ん中で生じる火山は、ほとんどがホットスポットによる火山で、玄武岩が中心の溶岩です（第２章２-２参照）。このため、研究者の間で、注目が集まっている火山です（図１-３）。

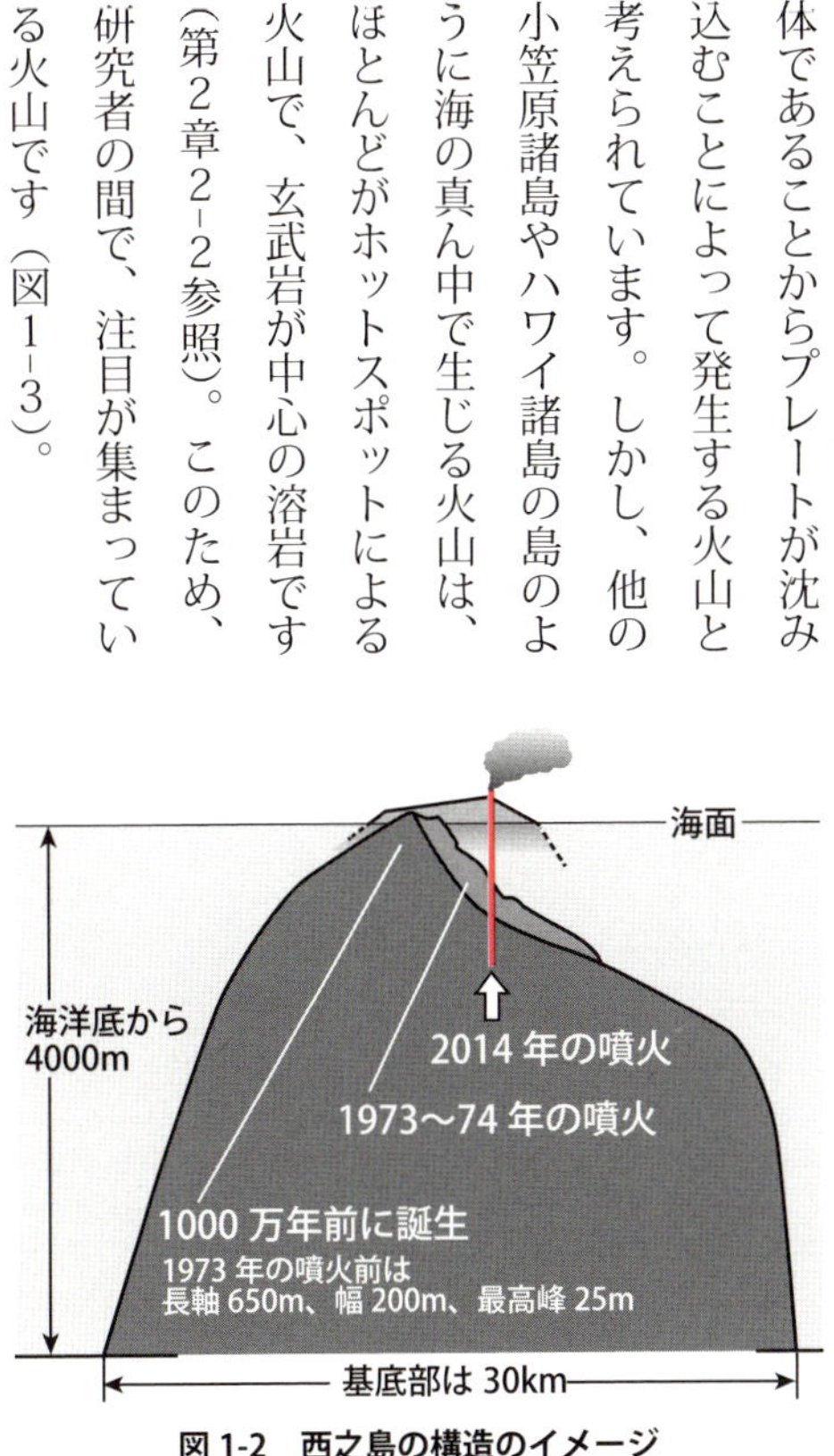

図 1-2　西之島の構造のイメージ

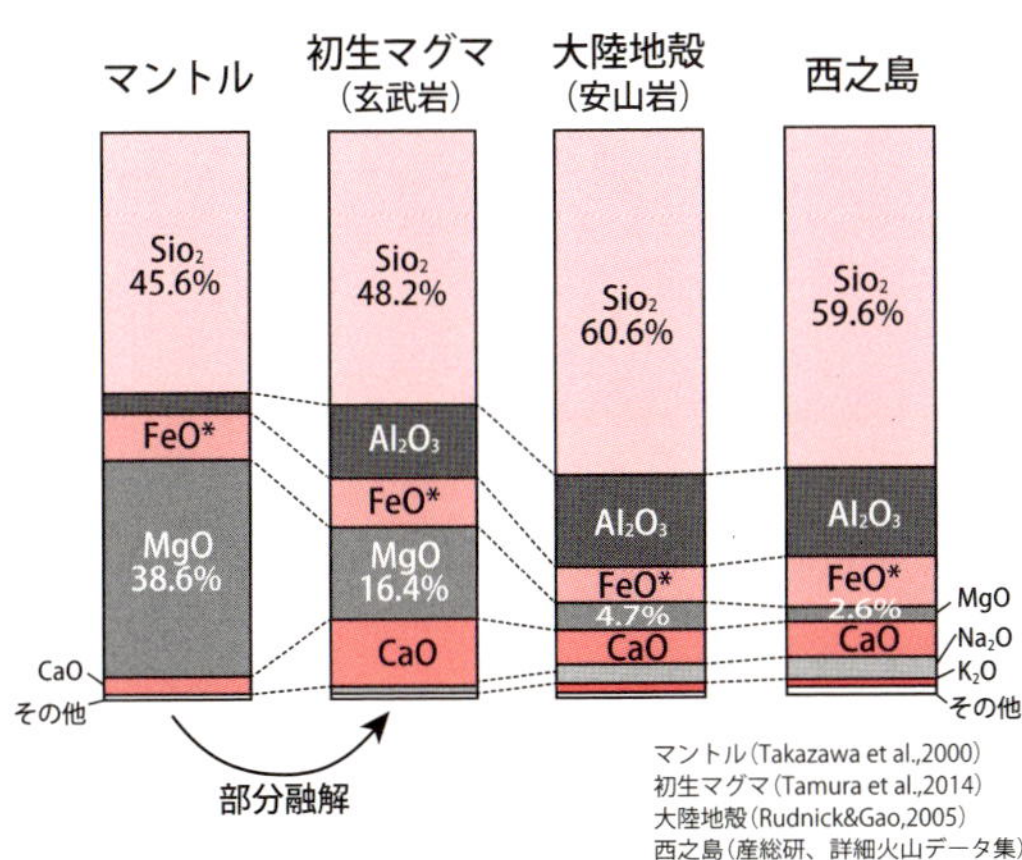

図 1-3　地殻の下にあるマントルの組成と西之島の溶岩の組成（JAMSTEC ニュース（2014 年 6 月 12 日）より）

国際的な取り決めで、日本の国土とみなされる領海は陸から12海里（約22㎞）以内、漁業や海底資源を独占できる排他的経済水域（ＥＥＺ）は陸から２００海里（約３７０㎞）ですので、西之島が大きくなれば、これに伴って日本の領海や排他的経済水域も増えることになります。ただ、西之島の東に父島、南に北硫黄島があり、これらの島の領海や排他的経済水域と重なりますので、西之島のみの貢献となると北側と西側の海域です。

（3）初の特別警報が発表された２０１５年の口永良部島噴火

鹿児島県の種子島から12㎞西にある口永良部島（長径12㎞、幅５㎞）は、火山活動時期は不明ですが、50万年前後には海面上まで成長していたと考えられます。島にはいくつかの火口があり、江戸時代末期までは古岳火口

表 1-3　口永良部島の噴火警戒レベルと過去の噴火

予報・警報	対象範囲	レベル（キーワード）	想定される現象と過去の噴火
噴火警報	居住地域及びそれより火口側	5（避難）	**噴火が発生し、噴石や火砕流、溶岩流が居住地域に到達、あるいはそのような噴火の発生が切迫している** ◎ 2015 年 5 月 29 日：噴石が火口から約 3km まで飛散し、噴煙が 9000m。負傷 1 名 ◎ 1966 年 11 月 22 日：噴石が火口から約 3.5km まで飛散。負傷 3 名
		4（避難準備）	**噴火が拡大し、噴石や火砕流、溶岩流が居住地域に到達することが予想される** ◎ 1931 年 4 月 2 日：火口から約 2km まで噴石が飛散。土砂崩壊。負傷 2 名 ◎ 1841 年 8 月 1 日：火口から約 2km まで噴石飛散。集落が消滅し、死者多数
火口周辺警報	火口から居住地域まで	3（入山規制）	**噴石が火口から概 2km 以内に飛散、あるいは小噴火の拡大等により飛散が予想される** ◎ 2014 年 8 月 3 日：34 年ぶりに噴火し、噴煙が 800m ◎ 1968 年 12 月～ 1969 年 3 月：噴石飛散 ◎ 1945 年 11 月 3 日：割れ目噴火。火口から約 1.9km まで噴石飛散 ◎ 1933 年 12 月～ 1934 年：割れ目噴火。火口から約 1.9km まで噴石飛散。死者 8 名、負傷者 22 名
	火口周辺	2（火口周辺規制）	**小噴火が発生し、火口から概ね 1km 以内に噴石飛散。小噴火の発生が予想される** ◎ 1980 年 9 月 28 日：割れ目噴火。火口から約 700m まで噴石飛散
噴火予報	火口内等	1（活火山であることに留意）	**火山活動は静穏、状況により火口内に影響する程度の噴出の可能性あり**

でも噴火をしていましたが、明治以降は新岳火口よりの噴火を繰り返しています。硫黄の採掘のため明治中期頃には人口が1000人を超えていた島でしたが、度重なる噴火で硫黄採掘所は被害を受け、閉鎖されています（表1-3）。現在は、照葉樹林で覆われた緑の火山島と呼ばれ、島の周囲にある魚釣りスポットが多くあることや、火山活動によって泉質の違う温泉が点在していることなどから、一年を通して多くの観光客を集めています。

口永良部島の新岳は、2014年8月3日に1980年以来という34年ぶりの噴火をしたため、噴火警戒レベルが最も低い1（平常：注）から3（入山規制）に引き上げられていますが、翌2015年5月29日9時59分、新岳でマグマ水蒸気噴火が起きています（口絵参照）。大きな噴火が5から6分続き、火砕流が南から南西に流れて海岸にまで達しています。噴石は火口から3km以上飛び、黒い噴煙が火口の上空9000m以上に達しています。その後、連続噴火は停止し、水蒸気主体の白い噴煙に変わりましたが、降灰は種子島まで飛んでいます（図1-4、図1-5）。気象庁では噴火警報を発表し、噴火警戒レベルを3（入山規制）から5（避難）に引き上げていますが、噴火警戒レベルの4と5は、2013年より特別警報に位置付けられていますので、これが初の火山についての特別警報の発表になります。これにより、全島民（気象

（注）2014年10月の御嶽山の噴火災害の教訓から、噴火警戒レベル1の表現は、2015年5月18日から「活火山であることに留意」となっています。

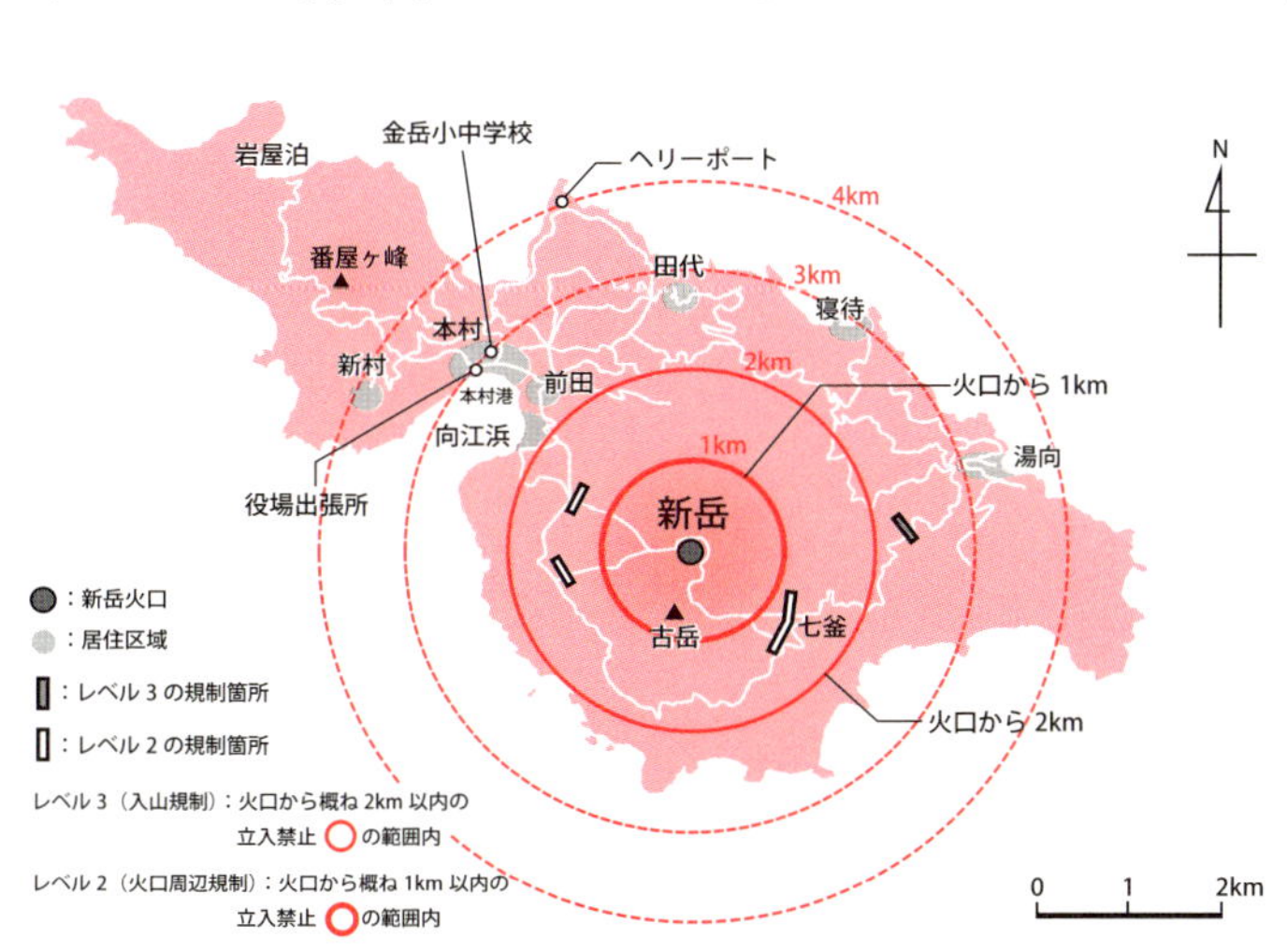

図 1-4　口永良部島の噴火警戒レベル（気象庁 HP の資料をもとに作成）

庁職員や大学生などの一時滞在者を含む）約１４０人が噴火のあった29日の午後には島を離れ、屋久島に避難しています。

避難がスムースにいった理由は、前年8月3日の噴火の教訓が生きたとされています。このときは、住民60人が火口の西約３㎞の町役場出張所に自主避難しましたが、火砕流が迫ってきたことからさらに西３㎞の番屋ケ峰に逃げています。この経験から、番屋ケ峰の施設に全島民の３日分の食料と水を備蓄しており、２０１５年の噴火では、島民はすぐに番屋ケ峰に避難しています。また、全島民１３０人が一度に島を出られるよう、噴火時には町営フェリーの定員を１００名から１５０名に臨時に増やせる申請が行われ、すぐに実施できる準備が整っていました。このため、想定通りに、噴火した日の午後、島民全員が町営フェリーで屋久島へ避難が行われました。

（４）ゴールデンウィークを襲った箱根山の噴火騒動

２０１４年9月27日の御嶽山噴火から半年後の２０１５年3月27日、神奈川県や箱根町などで構成される箱根火山防災協議会では、箱根町にある標高１０００ｍの大涌谷の避難誘導マニュアルを作っています。噴石を防ぐシェルターがない大涌谷で、大型連休の正午にいると想定される２８００人の観光客をロープウェイの駅舎などまで売店等の従業員が誘導し、その後、警察や消防、自衛隊が安全

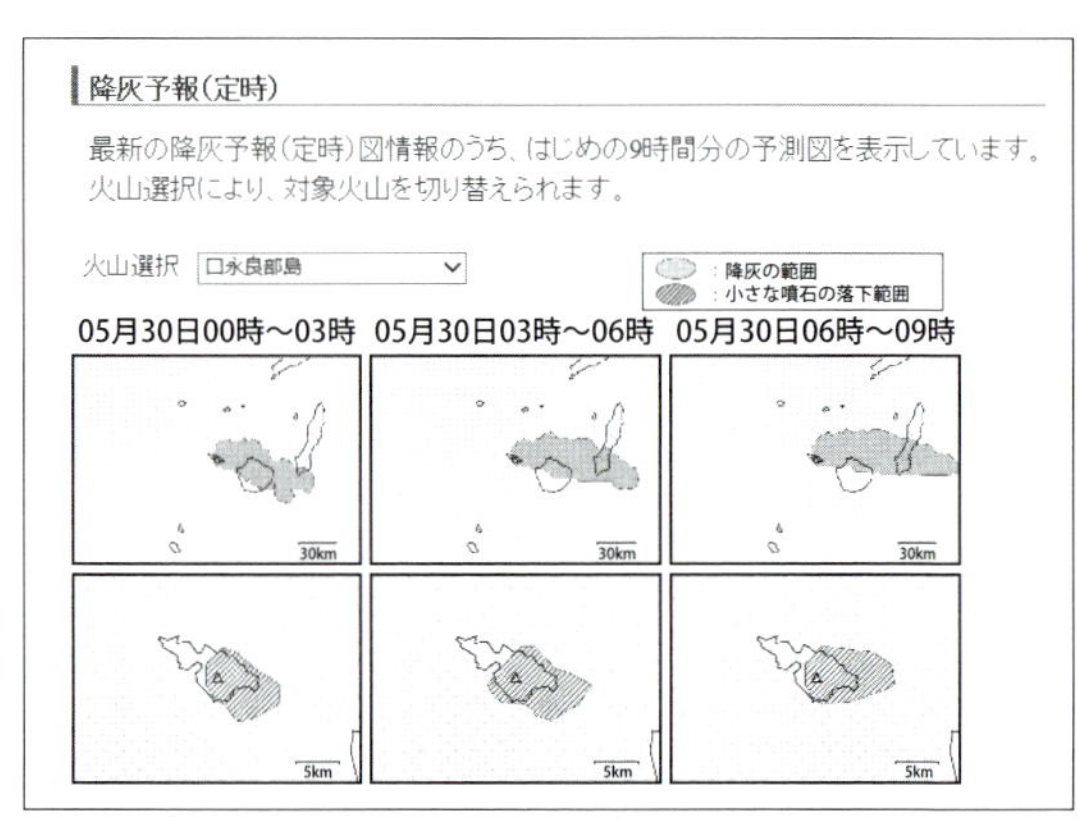

図 1-5　口永良部島の降灰予報（気象庁 HP より）

な方角のより離れた場所に二次避難するなどというもので、御嶽山のような火山災害を防ぐために、念のため作られたものです。

その１ヶ月後、ゴールデンウィークが始まる直前の４月26日から箱根山では火山性地震が増加し（図1-6）、ゴールデンウィークさなかの５月４日には気象庁が現地調査をしています。火山性微動が観測されていないので、直ちに噴火する兆しは見られない（第４章２節参照）ということから、噴火予報は噴火警戒レベル１（平常）のままでレベルを引き上げませんでした。ただ、突発的な蒸気噴出現象が発生する可能性があることから、箱根町では５月４日から大涌谷の周辺約３００ｍに避難指示をだし（火口に最も近い民家でも１・５km離れているので、対象地に民家はない）、この範囲に侵入可能な県道（約１km）やハイキングコース（２コースのべ約２km）を立ち入り禁止にしています。また、大涌谷を通る箱根ロープウェイも運休を求めています。これは、避難誘導のマニュアルに沿った措置ですが、ゴールデンウィーク後半の普段であれば人出で賑わう箱根周辺は、規制地以外の場所では通常通りの生活が可能であったにもかかわらず、観光客のキャンセルが相次いで閑散としています。

箱根山は、40万年前に活動を開始した火山で、約３２００年前のマグマ噴火以降の噴火は、水蒸気噴火です（表1-4、図1-7）。有史以来の活動は大涌谷周辺の水蒸気噴火に限られ、鎌倉時代（12世紀後半から13世紀）の水蒸気爆発が最

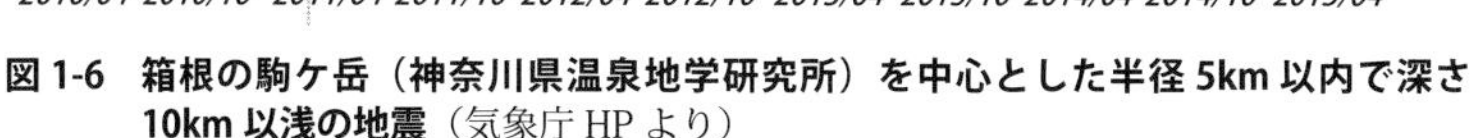

図 1-6　箱根の駒ケ岳（神奈川県温泉地学研究所）を中心とした半径 5km 以内で深さ 10km 以浅の地震（気象庁 HP より）

後の噴火となっています。
　ゴールデンウィーク最終日の5月6日、気象庁は噴火警戒レベルを1（平常）から2（火口周辺規制）に引き上げ、噴火した場合は大きな噴石の警戒が必要とし、風下でも火山灰や小さな噴石への注意を呼びかけています。ただ、箱根山は、火山性微動や地殻変動などを観測できるようになった近代以降は記録がありません。そのため、警戒レベル引き上げに際しては「いつ噴火が起きてもおかしくなかった平成13年と似た状況」であることが判断材料とされています。「箱根は火口となる大涌谷の中を歩くこともできるので、前年の御嶽山噴火のような被害を出すことは絶対に避けなければならない」とのことから気象庁のレベル引き上げ、箱根町の避難指示などが、早めに判断せざるを得なかったという側面があ

表 1-4　箱根山の火山噴火の歴史

40 万年前	活動を開始
25 万年前	古箱根火山（富士山のような形の標高 2700m の山）
18 万年前	中央部が陥没して巨大カルデラを形成（古期外輪山）
13 万年前	カルデラ内に小型の楯状火山ができる
5 万 2000 年前	楯状火山が噴火・陥没して半月状の新期外輪山が形成。西は富士川から東は横浜郊外まで火砕流が覆った
5 万年前	カルデラ内で火山活動が活発、中央火口丘ができる。火砕流で旧早川がせきとめられ、仙石原湖ができる
8000 年前	マグマ噴火
5700 年前	マグマ噴火
3200 年前	マグマ噴火
3000 年前	水蒸気噴火があり、大涌谷が誕生、発生した土石流で仙石原湖が埋まって仙石原となり、新たに早川がせき止められ芦ノ湖ができる
2000 年前	水蒸気噴火
12 世紀後半から 13 世紀頃	大涌谷付近で水蒸気噴火があったと推定されているが（3 回の火砕物降下）、それ以後は噴火がない
1933 年 5 月 10 日	大涌谷の噴気孔から噴気が噴出し、死者 1 名
1953 年 7 月 26 日	早雲地獄で山崩れが発生し、死者 10 名
2001 年 6 ～ 10 月	地震（最大がマグニチュード 2.8）と地殻変動、噴気
2008 年 4 ～ 12 月	地震（最大がマグニチュード 2.6）と地殻変動
2011 年 3 ～ 4 月	東日本大震災後に地震活動が活発化（3 月 11 日にマグニチュード 4.6、3 月 21 日にマグニチュード 4.2）
2013 年 1 ～ 2 月	地震が 2 ヶ月続いた
2015 年 4 ～ 8 月	地震と地殻変動、噴気。半月で 1000 回を超える地震は、2001 年の地震回数を上回るペース

ります。

２０１５年5月末に、静岡大学の小山真人教授（火山学）は、地質調査などで判明している過去に起きた噴火のタイプを分類し、最近の活動の傾向も踏まえて、それぞれの発生確率をまとめ、箱根山が今後どのような経過をたどるかを示す「火山活動シナリオ」を作成しています。これによりますと、過去の火山活動の履歴をもとに大まかな確率を見積もったところ、噴火に至る可能性は４％、噴火しないまま いずれ沈静化する確率が96％となっています（図１-８）。噴火した場合は、気象庁が注意を呼びかけている水蒸気噴火になるのが83％、溶岩ドームや溶岩流が生じる噴火は16％、大規模な噴煙や火砕流を伴う「プリニー式噴火」は１％となっています。

現時点では、大涌谷周辺以外での危険性は非常に小さく、火山の監視や研究の進歩によって防災情報がすばやく発表できる体制となっています。しかし、火山活動が落ち着き、立ち入り禁止区域という狭い範囲以外はマイカーで回れるといっても箱根温泉街などの人出は少なく、火山を観光地としている箱根にとっては、規制エリアの位置をしっかりイメージできる人が少ないことによる風評被害という大きな問題が生じています。噴火警戒レベルが導入されたのが２００９年であり、２００１年に同様の火山現象が起きたといっても、当時は大涌谷への立

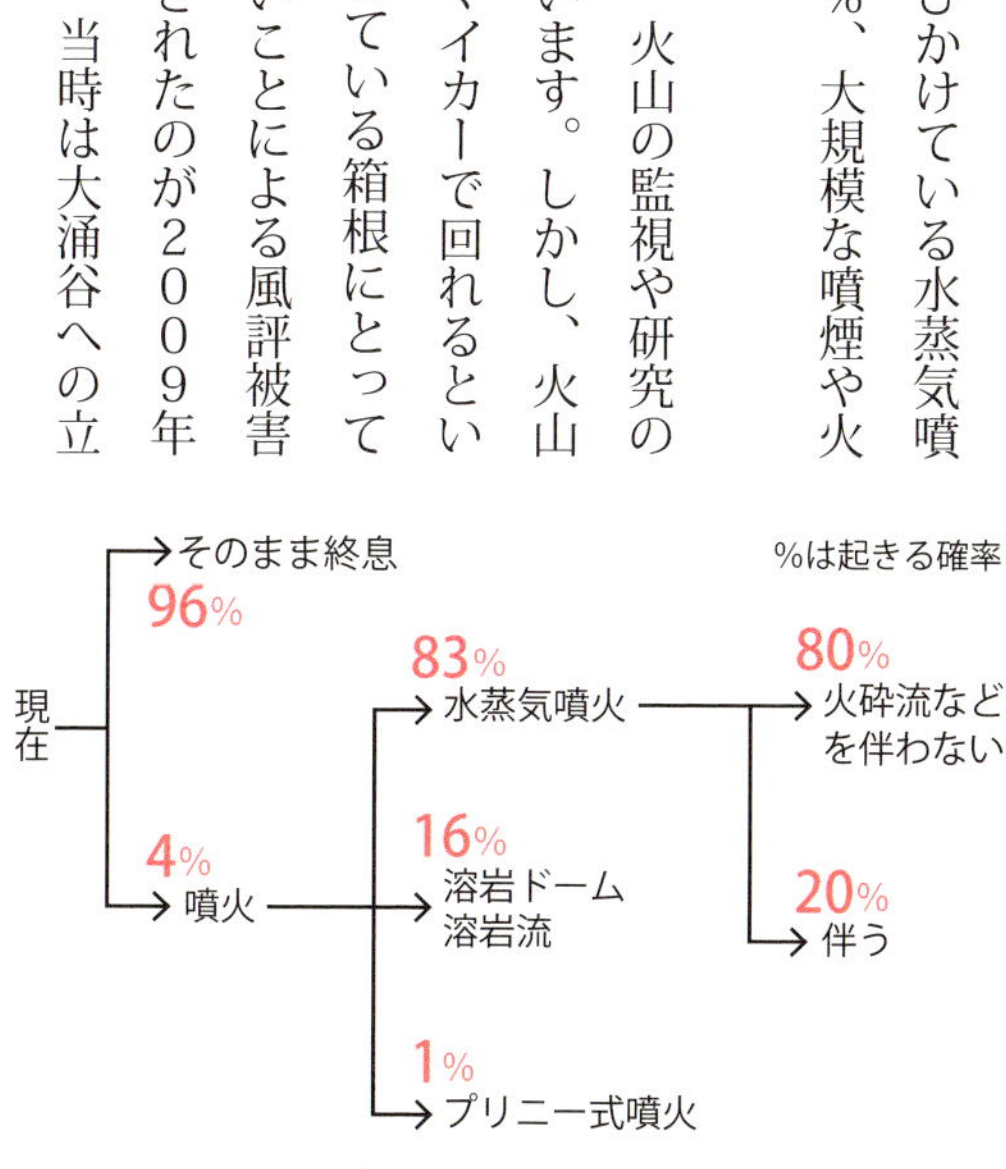

図 1-8　箱根山の火山活動シナリオ
（静岡大学小山真人による）

図 1-7　箱根山の地形（国土地理院 HP より）

ち入り禁止措置はなく、大騒ぎにはなっていません。箱根町では、「火山活動の活発化は火山とともに生きている地元にとっては日常」であり、立ち入り制限などの措置は必要であっても、「『レベル2』の情報というのはインパクトが大きすぎ、観光客を必要以上に怖がらせている」との指摘もあります。気象庁の西出則武長官は「これまで観測されているデータを総合すると、注意を要するのは大涌谷のごく狭い範囲」と強調したうえで「御嶽山噴火を受けて、気象庁も丁寧に情報を提供するように心がけている。正しい情報を持って、正しく恐れてほしい」と呼びかけていますが、レベル引き上げ時期をめぐり、すばやい判断を評価する一方、その後の風評被害などから早すぎたとの声もあがっています。箱根町では、風評被害対策として、気象庁に「噴火は箱根山ではなく、大涌谷周辺」とするように申し入れています。大涌谷は噴火火口そのものですが、火山の認識がないまま安易に近づけ、その上空を見渡せる場所にケーブルカーが設置されていました。他の火山では危険な噴火火口には定住用の施設がないので、仮にレベル3でもただちに避難指示ということはないのですが、箱根山は噴火火口である大涌谷から1㎞以内にアパート1棟、民家4軒、宿泊施設14軒、別荘6軒が含まれています。このため、レベル3の火口周辺警報になると、これらに対して避難指示となります。ただ、火口周辺以外の箱根山の大部分は、仮にレベル3となっても通常生活が可能で、ただちに危険というわけではありません。

コラム❶　予知が難しい水蒸気噴火

　火山噴火を、噴火の原動力という視点でみると、①水蒸気噴火、②水蒸気マグマ噴火、③マグマ噴火に分類できます（図1）。このうち、マグマが地表付近に上昇してくる②と③については、マグマが岩盤を押し広げながら上昇するので、地震や地殻変動などの前兆現象が出やすく、比較的時間の余裕があります。特に、マグマの粘性が高ければ、その傾向が大きいと考えられます。マグマの粘性が低いものは、既存の割れ目をたいした抵抗なく上昇しますので顕著現象が小さい、あるいは、直前でないとあらわれないことがありますが、問題は①の水蒸気爆発です。地下数10～数100㎞にある熱水だまりが沸騰して爆発するだけですので、顕著現象がほとんどないことが多く、火山噴火予知は非常に難しいものです。ただ、一般的には、水蒸気爆発は、その熱水だまりの大きさが限られていることから、通常は麓の住民に危害を及ぼすほどの噴火はありません。ほとんどが火口付近の噴火ですが、観光地の場合は、火口付近にも登山者が接近しますので、平成26年の御嶽山の水蒸気噴火のように大災害となることがありますし、場合によっては、福島県の磐梯山（ばんだいさん）のように、水蒸気爆発によって山体崩壊が起きることもあります。

　磐梯山は、もともとは『天に掛かる岩の梯子』を意味する『いわはしやま』と読んでいました。現在の山容となったのは、水蒸気噴火による山体崩壊が繰り返されたからです。約2・5万年前以降にはマグマ噴火は記録されておらず、水蒸気噴火だけが起きています。堆積物の調査から、最近5000年間では1100～1700年間隔で4回噴火しており、最近の例では、806年噴火と1888年噴火があげられます。806年（大同元年）の噴火では、それまで2000m以上あった山が4峰（大磐梯、小磐梯、赤埴山、櫛ヶ峰）になっ

②水蒸気マグマ噴火
（原動力は高圧水蒸気水
- マグマ相互作用）
マグマを含む火山灰と
水蒸気主体の噴煙
爆発
大きな噴石
小さな噴石と
火山灰
火砕流など
沸騰
地水層
上昇
マグマ

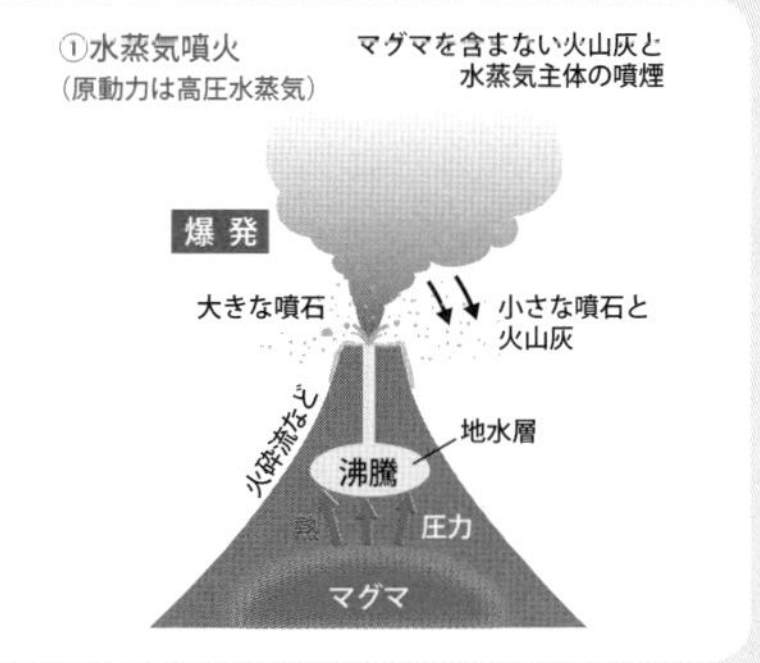

図１　原動力による噴火の３分類とそれに伴う主要な現象

たといわれています。磐梯山周辺は山岳信仰の盛んな山が多く、大きな役割をしてきたのが磐梯山の南西麓にあった慧日寺（現在の恵日寺）です。慧日寺の開基は８０７年と磐梯山が噴火した翌年ですので、山岳信仰と会津磐梯山の噴火との関連が指摘されています。

１８８８年7月15日の水蒸気噴火は、後に「磐梯型」という噴火形式名称ができるなど、世界的に有名な噴火です。午前7時頃地震が発生し、7時45分頃小磐梯山西麓で小規模な噴火が始まり、最初の爆発から15から20回程度の爆発の後、小磐梯山北側の爆発的噴火で大規模な山体崩壊が発生しました。この山体崩壊により長瀬川とその支流がせき止められ、土石流や火山泥流が下流域を襲っています。このため、北麓の11集落が埋没するなどで４７７人の死者を出す大惨事となりました。その反面、観光名所となっている裏磐梯と呼ばれる磐梯山北側の景観は、山体崩壊や土石流などでのせき止めで桧原湖、小野川湖、秋元湖、五色沼をはじめ、大小さまざまな湖沼が形成されたことで形成されています。このときの磐梯山の噴火は近代日本初の大災害で、明治政府は国を挙げての調査や災害復旧を実施しました。住民に大規模なアンケート調査を行い、かなり詳細な噴火の経過や被害状況、写真が収集された論文や報告書が作られました。また、噴火前年の１８８７年に結成された日本赤十字社では初の災害救護活動となっていますが、これが、世界の赤十字活動における最初の平時救護（それまでは戦時救護のみ）になっています。

気象庁は、磐梯山に対して地震計、傾斜計、空振計、GNSS、遠望カメラを設置し、関係機関の協力の下、火山活動の監視・観測を長期的に行っています（図2）。

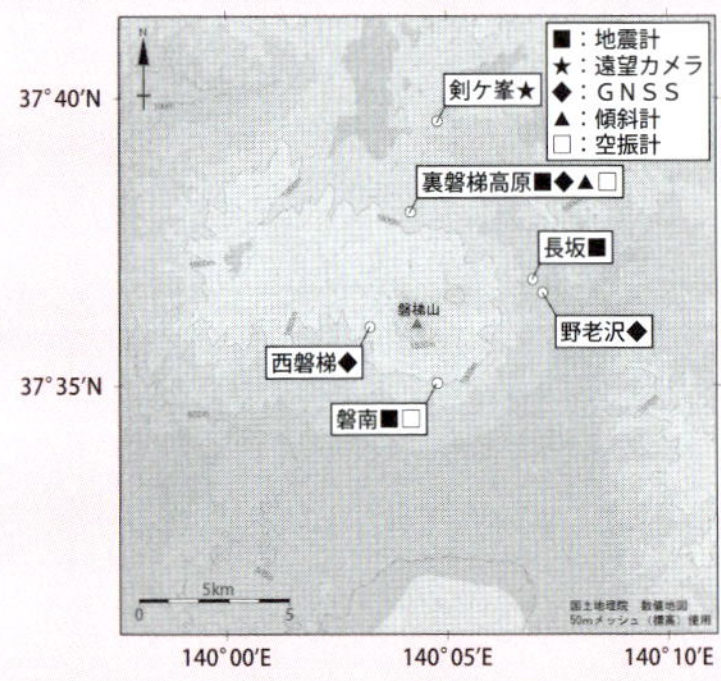

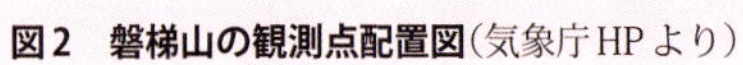
図2　磐梯山の観測点配置図（気象庁HPより）

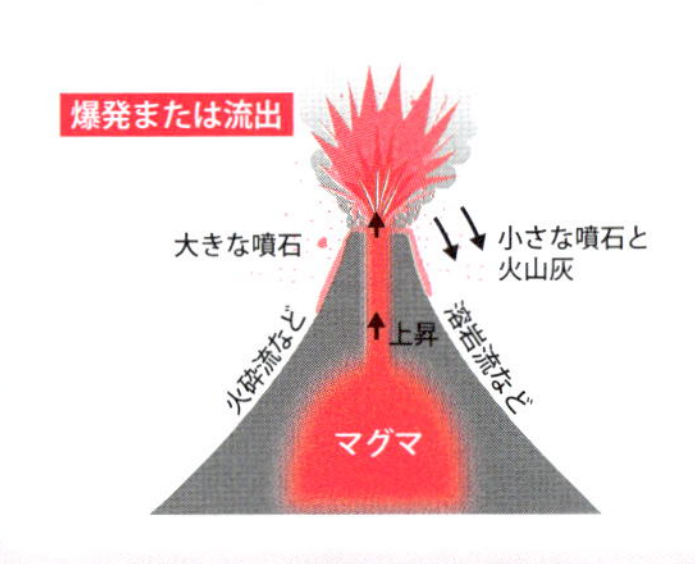

第2章　火山は地球が生きていることの証明

2-1 移動し続ける大地

(1) 桁違いに長い時間の中で起きている

地震のことを考えるには、最初に私たちの考える時間とは桁違いに長い時間で起きている現象であるということを認識する必要があります。地球ができて46億年たっていますが、これを私たちが実感できる1年という時間に例えてみましょう。1月1日の0時に地球が誕生したとすると、地表に大陸ができ始め、生命が誕生したのが2月の中旬頃になります。光合成をする生物が発生したのが5月の末、多細胞生物が誕生したのが10月中旬です。生物が陸上に上陸したとなると11月下旬、恐竜が絶滅したとされるのは12月26日の夜のことです。人類が誕生したのは、大晦日12月31日の16時30分で、カウントダウン1秒前の23時59分59秒でも、今から1400年前、聖徳太子のいた飛鳥時代よりも前の時代ということになります。

これから、地球が生きもののように、ダイナミックに動いているという話をしますが、私たちの考えている時間とは桁違いに長い時間での動きです。例えば、

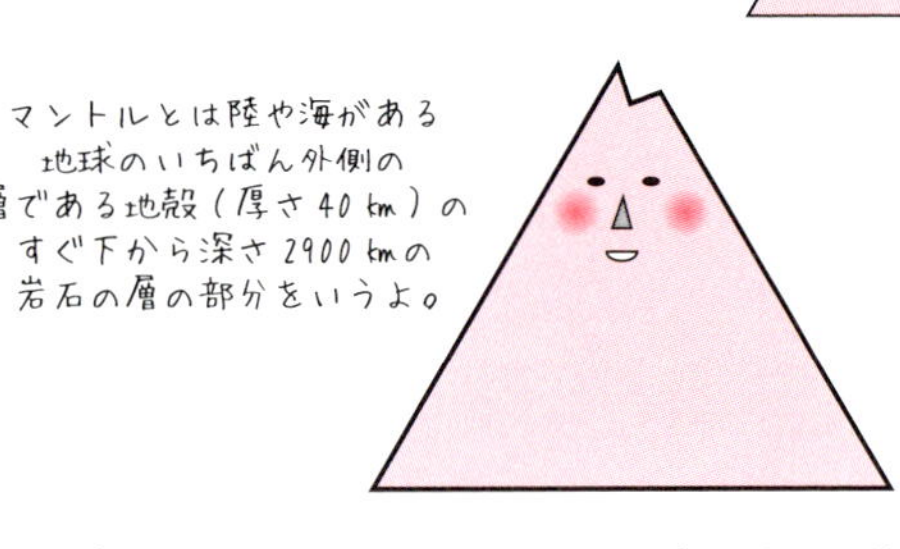

ビーカーに入れた水と水飴を考えてみましょう。水を入れたビーカーを倒すと、中の水はすぐ全部流れ出てしまいますが、水飴を入れたビーカーを倒しても、中の水飴はすぐに流れ出ることはありません。しかし、時間がたてば、水と同じように流れ出ます。粘性が大きく固体のように見える水飴でも、時間をかけてみれば、液体と同じふるまいをします。地球内部のマントルは固体ですが、人間にとっての長い時間をかければ、液体と同じように流動し、地球内部の熱によって対流活動をしています。地球は生きている星です。私たちには動かないように見えている大地でも、長い時間をかけて見ると、大きく動いています。

20世紀の初めに、ドイツの気象学者アルフレッド・ウェゲナー（1880-1930）は、世界地図を見て「アフリカ大陸と南アメリカ大陸の海岸線の形がよく似ている」ことに気がつきました。形が似ているだけでなく、ジグソーパズルのようにくっつけると、その接する両側では、地質構造が似ている岩石などがあり、似た種類の動植物が生息していることがわかりました（図2-1）。このことから、2億年前には、「パンゲア大陸」という巨大な大陸がひとつだけ存在して、これが分裂をしながら移動し

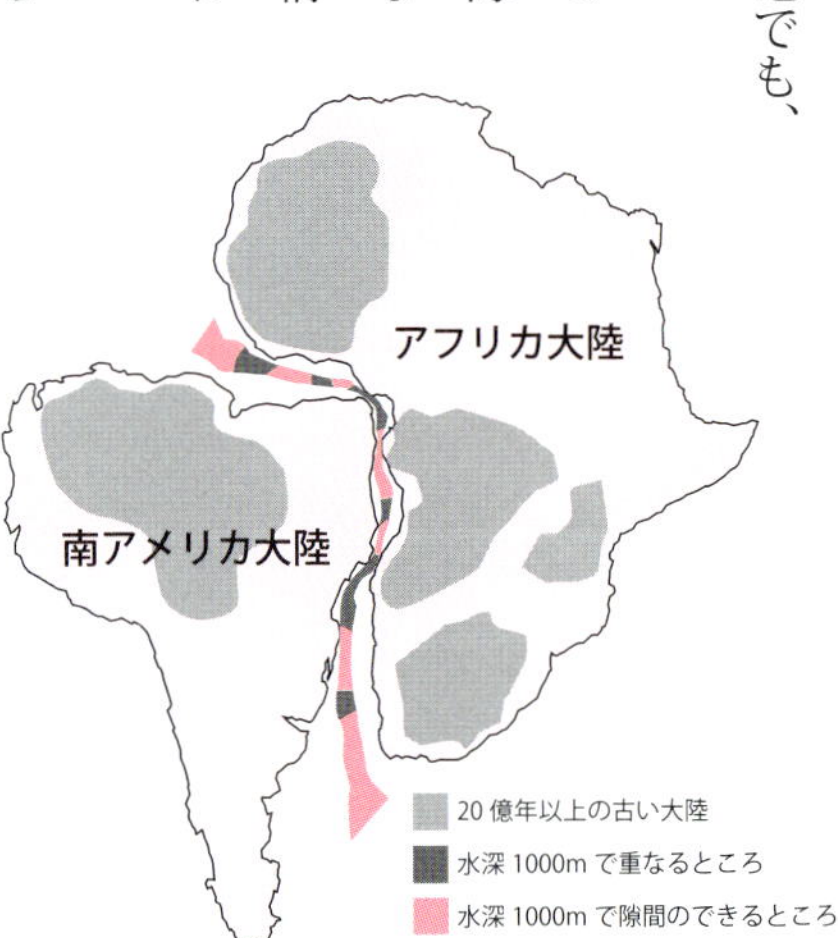

図2-1　アフリカ大陸と南アメリカ大陸

へぇ～

「パンゲア大陸」って命名したのはウェゲナーだよ。パンゲアとはラテン語で「すべての大陸」を意味するんだって。

て、現在の大陸分布となったと考えたのです。世界地図を見た人は数えきれないほどいても、ウェゲナーのように、大陸移動説まで考えた人はいませんでした。しかし、大陸移動説は、いったん否決されます。大陸を動かす巨大な力がどこからくるか、誰も考えが及ばなかったからです。

しかし、その50年後、大陸を動かす力が地殻の下にあるマントルの熱対流であるという考えが生まれ、ウェゲナーの説が復活しました。地球の全体積の80％を超える部分がマントルで、その下部には主として鉄でできている核があり、核内の放射性物質の崩壊により熱を出しています。核は内核と外核に分けられ、内核は固体ですが外核は液体です。外核は内核側で4300℃、マントル側で3700℃なので、熱対流を起こしています。この熱がマントルに伝えられます。マントルは固体ですので、液体のようにすぐ対流が起きて熱が上部に運ばれ

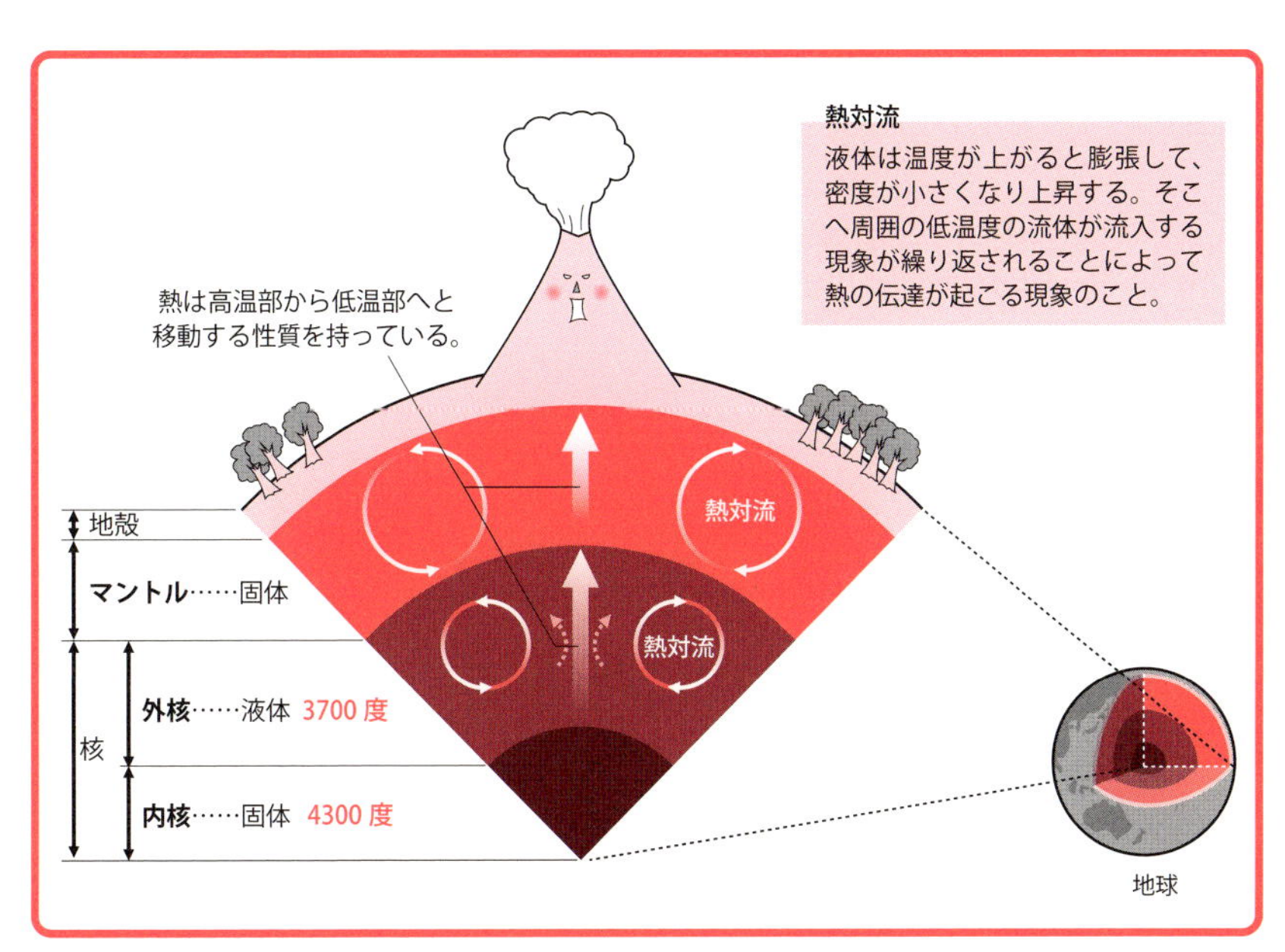

図 2-2　地球内部の熱の伝播（マントル、外核、内核）

るわけではないのですが、長い時間で見ると対流によって熱が地表付近に運ばれます（図2-2）。こうして大陸が動きますので、日本列島のあった場所も長い間には移動しています。北上山地や飛騨山地など広範囲に珊瑚礁石灰石、それも季節変化がみられない石灰岩がみられることから、今から4億5000万年前の中生代には、日本は赤道直下のあちこちに散らばっていたと考えられています。そして、4億年以上かけて現在の位置に移動してきたと考えられています。宮城県歌津町には、2億年より前の地層から恐竜の一種で、最初の魚竜であるウタツギョリュウの化石が数多く出ます。また、志津川町には、ウタツギョリュウより、少し時代が新しくなるのですが、体長が10mもあったシズカワギョリュウの化石が出土するなど、世界的に見て、東北地方は魚竜の化石が多い地域です。これは、季節変化が見られる石灰岩も一緒に出土しますので、当時の日本が亜熱帯まで北上し、広がる巨大な浅瀬の入り口付近の海中の海で生活する動物の宝庫であったためと考えられています（図2-3）。

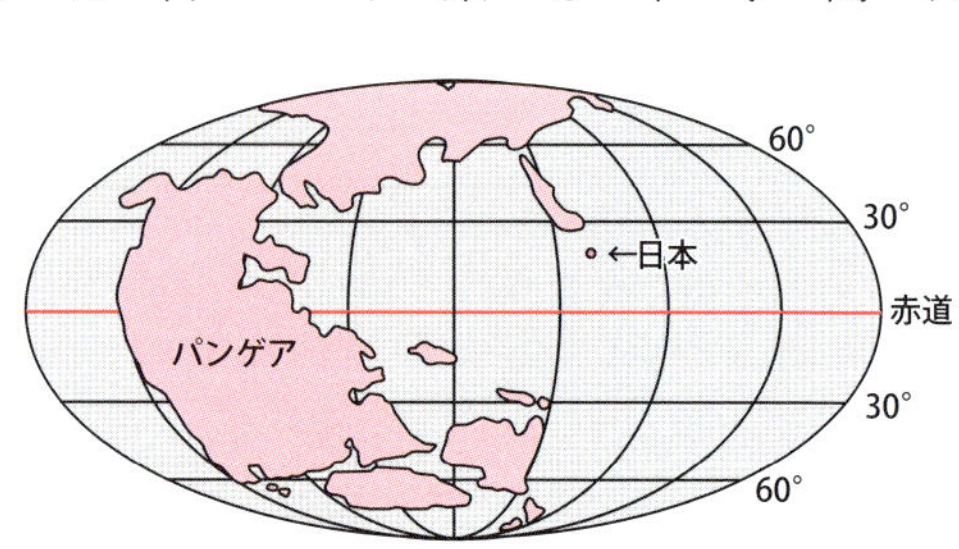

図 2-3　約 2 億 5000 年前の日本の位置

（2）プレートの移動

現在、地球の表面は、12枚のプレートという板状の岩盤で覆われ（プレートの数え方には多少の差があります）、そのプレートがマントルの熱対流によって別々の方向に年に1～10㎝で移動すると考えられています（図2-4）。これを、プレートテクトニクスといいます。この考え方ができると、これまで不思議だった、地震や火山の発生のしくみなどが無理なく説明できるようになりました。今では、常識のように語られていますが、昭和20年代に生まれた団塊の世代と呼ばれる世代までは、学校で習わなかった新しい学問なのです。

マントル対流はまんべんなく行われているのではなく、特定の部分で上昇し、特定の部分で下降していると考えられています。こうして地球表面まで熱が運ばれているわけですが、マントル内で熱が多く運ばれているところには海嶺（海の山脈）ができ、逆に運ばれていないところでは海溝（海底にある連なった溝）ができています（図2-5）。地球内部の高温の物質が海底の山脈などで地球の表面にわき出している場所では、厚さ数10～100kmのプレートが生成され、両側に広がっていきます。これが海底を形づくっている海洋プレートです。大陸を載せている大陸プレートは、100～200kmの厚さがあるのですが、海洋プレートより密度が小さいので、両者が衝突すると海洋プレートは、陸のプレートの下に沈み込んでいきます。沈み込むところが海溝になります。海中にあるため目立ちませんが、深い場所で起きている地震

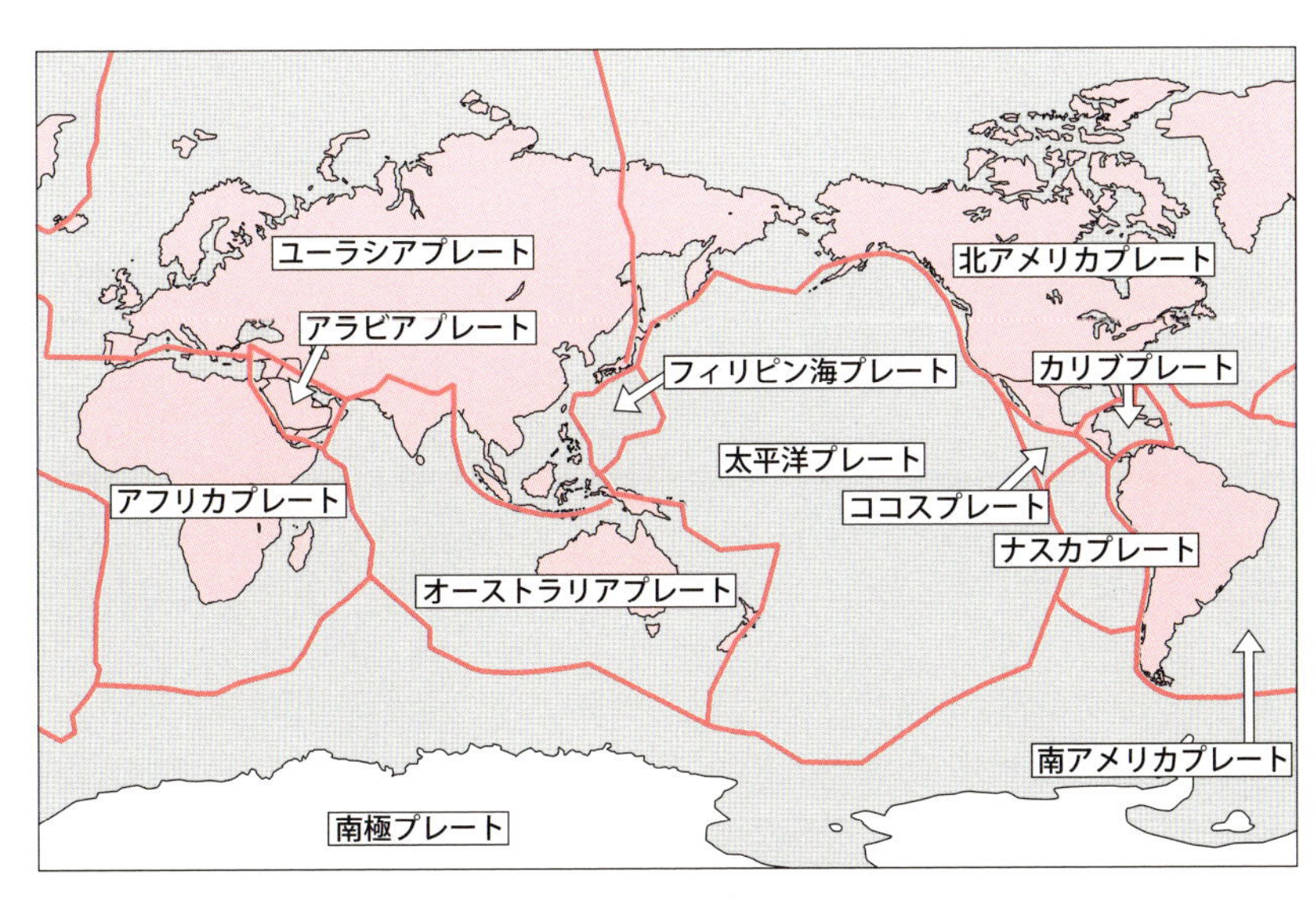

図2-4　世界のプレート

のほとんどが海嶺で発生し、数多くの火山が噴火しています。海溝では、海洋プレートが大陸プレートを巻き込みながら沈み込んでいますので、エネルギーは大きく溜まり、ときどき巨大地震が発生します。その巨大地震は周辺部に大きなひずみを作り、その歪みが新たな地震を引き起こしますので、海溝とその周辺は比較的浅い場所で発生する地震の多発地帯です。図2-6は、深さ100km以下でマグニチュード4以上の地震を図示したものです。この図より、地震が帯状の地域に生じていることがよくわかり、この地域は、プレートとプレートの境界付近です。また、海洋プレートは水分を多く含んでいますので、沈み込む途中で比較的低い圧力(といってもかなりの圧力ですが)でも溶けてマグマが形成され、火山が噴火します。つまり、十数枚のプレートの境目が、海嶺や海溝などに相当し、そこでは地震が発生し、火山が噴火しています。ただし、インド大陸を載せているオーストラリアプレートとユーラシアプレートが衝

図 2-5　地下の構造

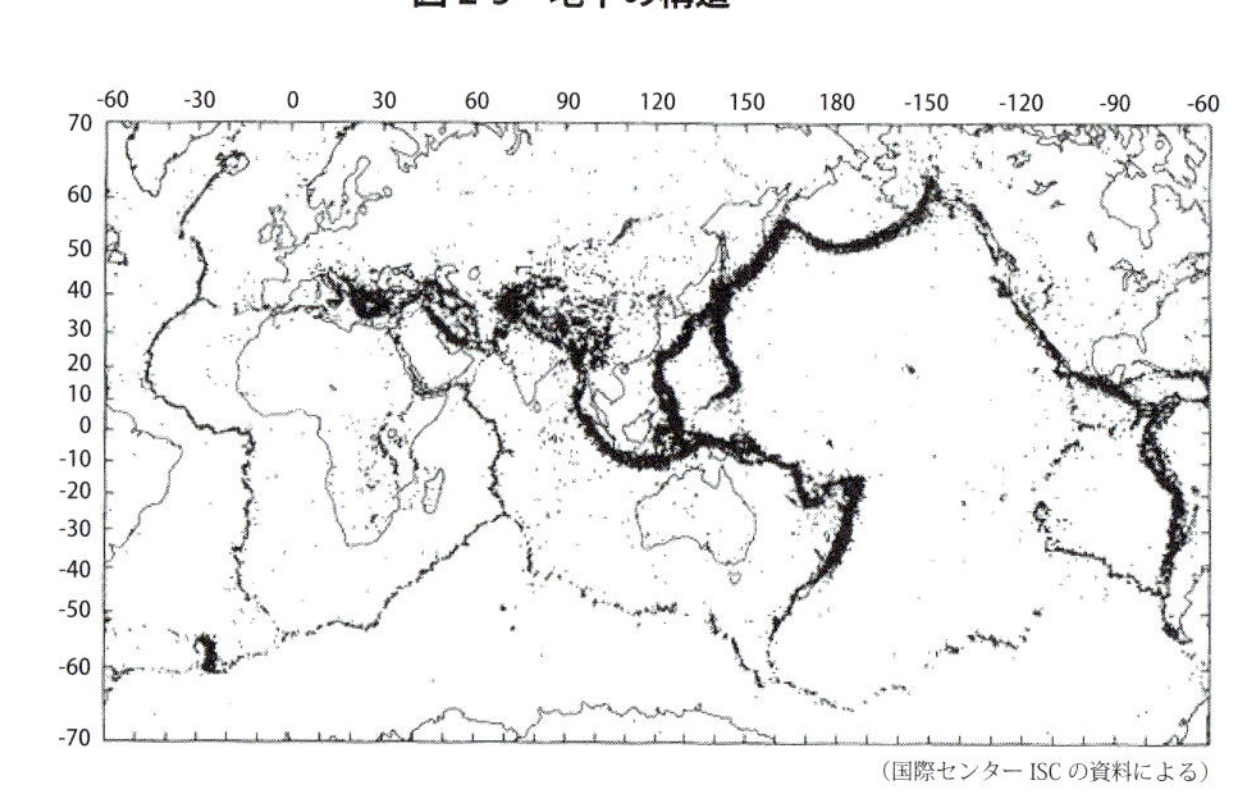

図 2-6　世界の地震分布（1975 ～ 1994 年の深さ 100 キロメートル以内でマグニチュード 4 以上の地震）
（出典：国立天文台編「理科年表 2015 年版」丸善出版）

突しているインド北部のように、陸を載せているプレート同士が衝突するところでは、両側から陸地が盛り上がり、その周辺では地震が発生しますが火山は生じません。

日本は、北アメリカプレート、太平洋プレート、フィリピン海プレート、ユーラシアプレートの４つのプレートの境界付近にあります（図2-7）。近年、衛星を使って位置を求めるＧＰＳ（汎地球測位システム）技術が急速に進み、複数のＧＰＳ用衛星から電波が届くまでの時間差を計算して、現在の緯度、経度、高度を測定する技術が、カーナビなどで広く使われています。高精度のＧＰＳを使うと、これまでとは比べられない精度で、観測地所の位置を求めることができ、地震予知の研究が進んでいます。これによると、ハワイ島はアラスカに向かって1年に４・８㎝の速度で動いていることがわかりました。

ＧＰＳを使わなくても、プレートが動いていることを確認できる場所があります。それが伊豆半島です。伊豆半島は、本州の他の地域とは異なって、南方生物の化石などが出ます。これを分析すると、２０００万年前には、本州から南に１５００㎞離れた海底火山でした。この海底火山はフィリピン海プレートの動きによって北上を続け、１１００万年前には本州から南に１０００㎞くらいまで接近し、海底の一部が浅くなっています。１０００万年前にはさらに海底が浅くなり、海底火山の噴火が盛んとなって、そのうちの一部は海面上に顔

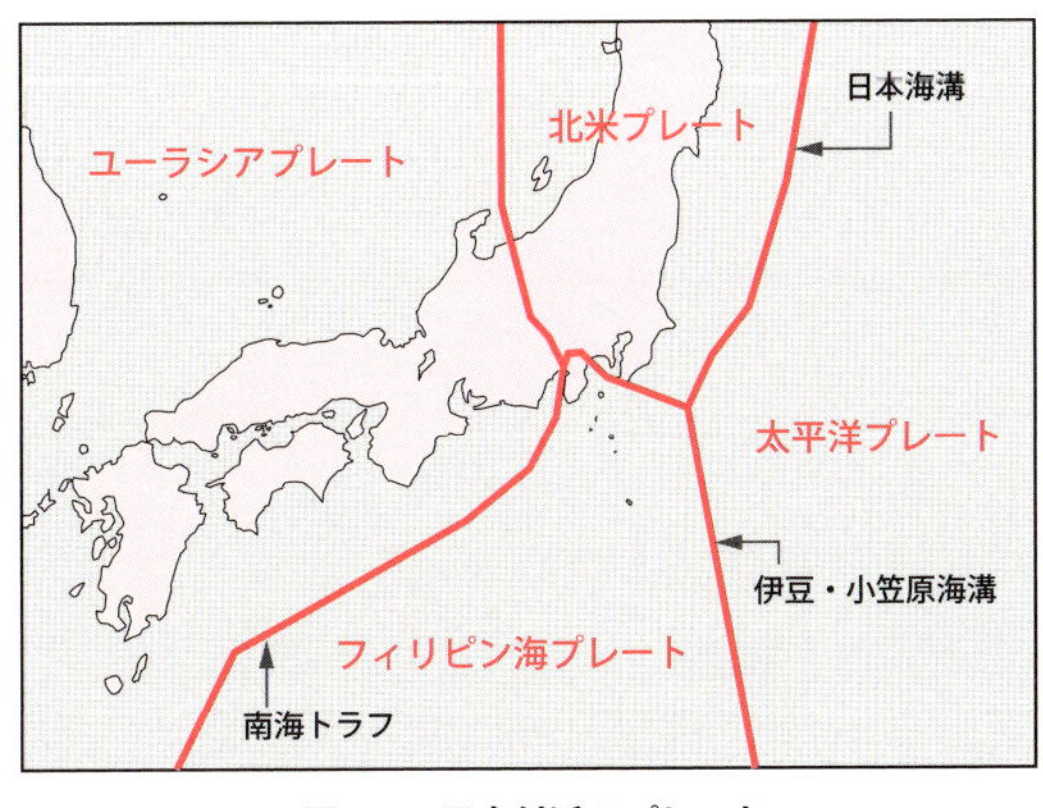

図 2-7　日本付近のプレート

を出して火山島になっています。その後も、フィリピン海プレートに載って接近、３００万年ほど前に本州に衝突して伊豆半島ができたと考えられています（図2-8）。また、伊豆半島には火山噴火で新しくできた安山岩などによる硬石と、海底であった時代にできた古い凝灰岩（ぎょうかいがん）などによる軟石があります。相模国（神奈川県）の真鶴の石も含めて伊豆産の石を伊豆石と呼びますが、硬石は耐久・耐火性に優れ、軟石は切り出しが容易で安価で、江戸時代ではともに船で江戸への運搬が容易なために、建築石材から土木用石材まで、「石は伊豆」というほど伊豆石が使われました。徳川家康は天下普請として大名に石垣作りを命じ、江戸城石垣のほとんどが伊豆石で作られました。また、幕末に伊豆代官の江川太郎左衛門英龍が献策した砲台が東京湾の品川沖で作られた（お台場の建設）ときにも、明治初期の文明開化で多くの石造り建築物が作られたときにも、多量の伊豆石が使われました。このため、皇居やお台場など、東京の街のあちこちには、フィリピン海プレートがもたらした伊豆石が沢山残されています。

現在でも伊豆半島は、毎年２㎝ずつ北上しています。本州との衝突によって、１００万年前に丹沢山塊ができましたが、その後、丹沢山塊の西のほうで火山活

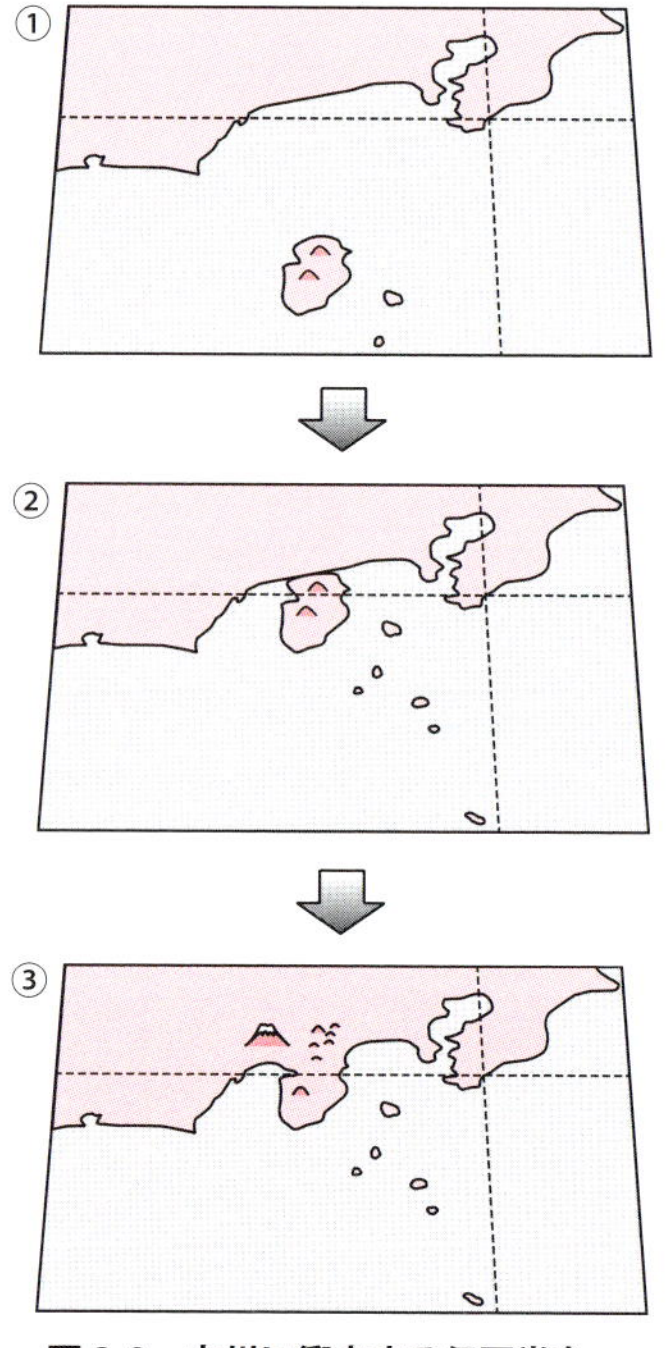

図 2-8　本州に衝突する伊豆半島

動が活発となり、富士山ができています。フィリピン海プレートは現在も動いており、伊豆大島も少しずつ伊豆半島に近づいていますので、将来は、伊豆大島も本州と陸続きになるかもしれません。

2-2 地球内部のドラマ

(1) 生きている地球の恵み

大陸はいまでも移動を続けており、大西洋が広がり続けています。また、アフリカの東半分では南北に延びる大地溝帯が広がっており、アフリカプレートにヒビが入っている状態になっています。いずれは、ここが海となり、アフリカ東部がアフリカ大陸から分離することが考えられます。地球は内部が熱い惑星で、核やマントルが対流しているという生きている星です。生きているからこそ、地震や火山があり、私たち人間はその災害に悩まされています。しかし、地球が生きていなかったら、地球の核内で起きている鉄という電気を通す物質の運動（一種の発電機の役目をする）によって磁場が発生せず、太陽からの有害な荷電粒子（宇宙線）は直接地表に降り注いで、生命体は生きることができない星となったでしょう（図２-

9)。また、地球が生きていることによって、地球深くにある金、銀、銅などの質量の大きな物質が、銅山などと呼ばれる地表近くの特定の場所に集められ、私たちの生活に必要な鉱物資源になっているのです。地球が生きていなかったら、私たちは地球上に誕生することもなければ、現在も生活を続けていくことができないのも事実です。地震や火山とは、どうしてもつき合っていかなければならない宿命があるのです。

3気圧をたとえるなら、手のひらに300kgの重さがのしかかるくらい。では、3万気圧ってどのくらい?

はて?

(2) マグマができる条件に水の存在

上部マントルを作る物質であるカンラン岩を地上で熱すると1200℃くらいで固体から液体に変わり、圧力をかけると、この温度が上がります。つまり、地上の圧力では、1200℃で固体(マントル)から液体(マグマ)へと変わりますが、圧力が高いところでは液体に変わる温度が高くなります(図2-10)。地球内部は、深くゆくほど圧力が高くなり、

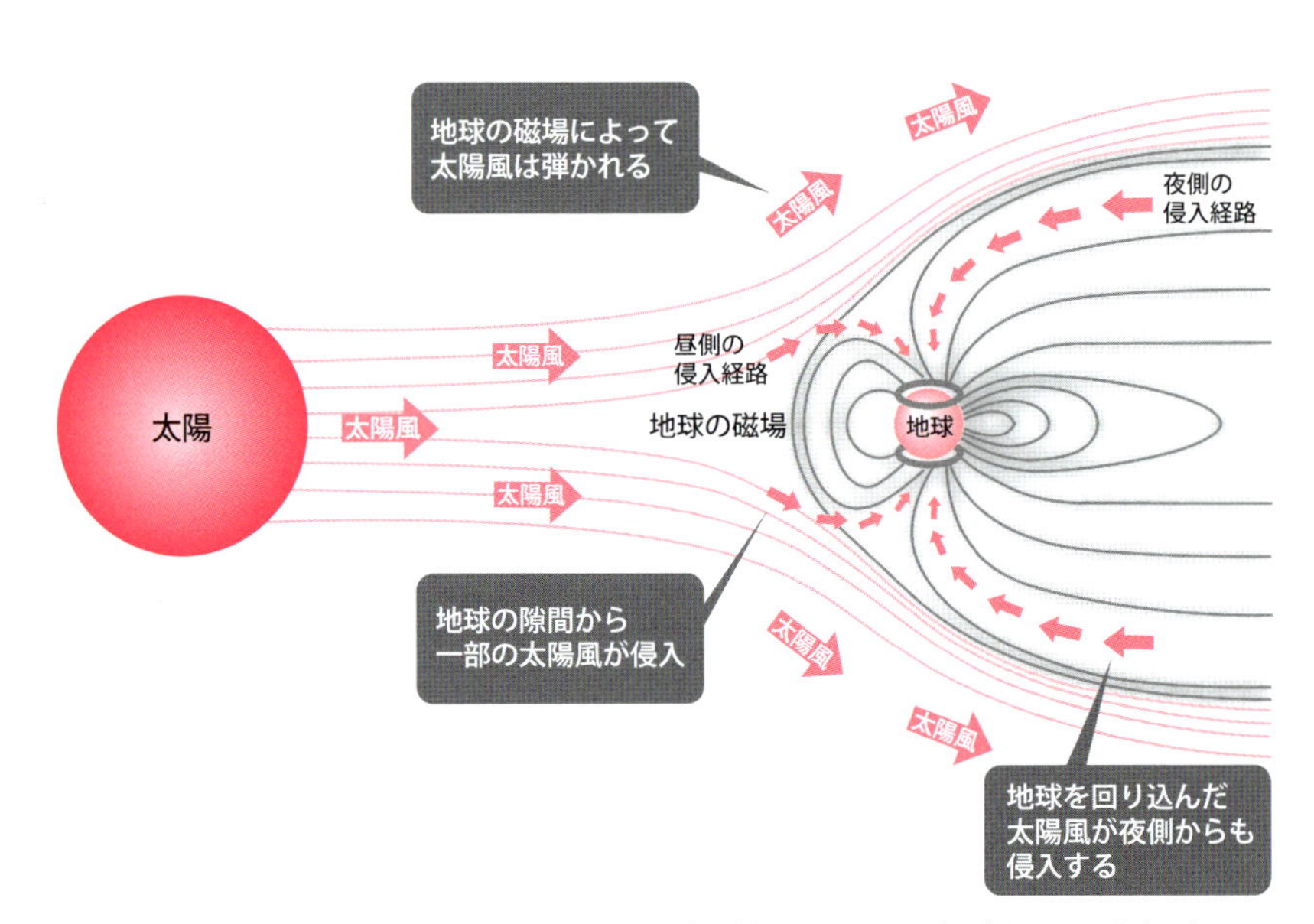

図 2-9 太陽風から地球表面を守る地球の磁場(太陽風のごく一部がオーロラとなる)

深さ80㎞付近では３万気圧となりますが、この圧力では、カンラン岩は１５００℃くらいで液体に変わります。しかし、地球内部は、深くなるほど温度が高くなるといっても、図2-10のように、いつもカンラン岩の溶ける温度より低く、このままでは溶けてマグマができません。マグマができるには、図2-11で示すように、①温度が上がる、②圧力が下がる、③カンラン岩が溶ける温度が下がるしかありません。何らかの原因で熱が急に発生すれば①は起きますが、一部分の温度を上げるために地球内部から熱が急に上昇してくることは考えにくいことです。

地下１４０㎞で１５００℃のカンラン岩が、温度が変わらないまま地下の浅いところに移動してくると、②のように圧力が減りますのでカンラン岩は溶け始めます（減圧融解）。海嶺地下では、カンラン岩が上昇してきて圧力が減り、減圧溶融が起き、固体から液体に変わりますが、一様に溶けるのではなく、部分的に溶けて、溶けたものが割れ目に沿って上昇してマグマだまりを作ります（図2-12）。このため、マグマだまりには、単にカンラン岩が溶けたものが集まるのではなく、カンラン岩に含まれる溶けやすい成分をより多く含んだマグマ（玄武岩質マグマ）ができます。カンラン岩と玄武岩質マグマには多少の成分差があるのです。玄武岩質マグマは少し温度が下がると、溶けていた成分のうち、固まりやすいものから析出してきます（図２

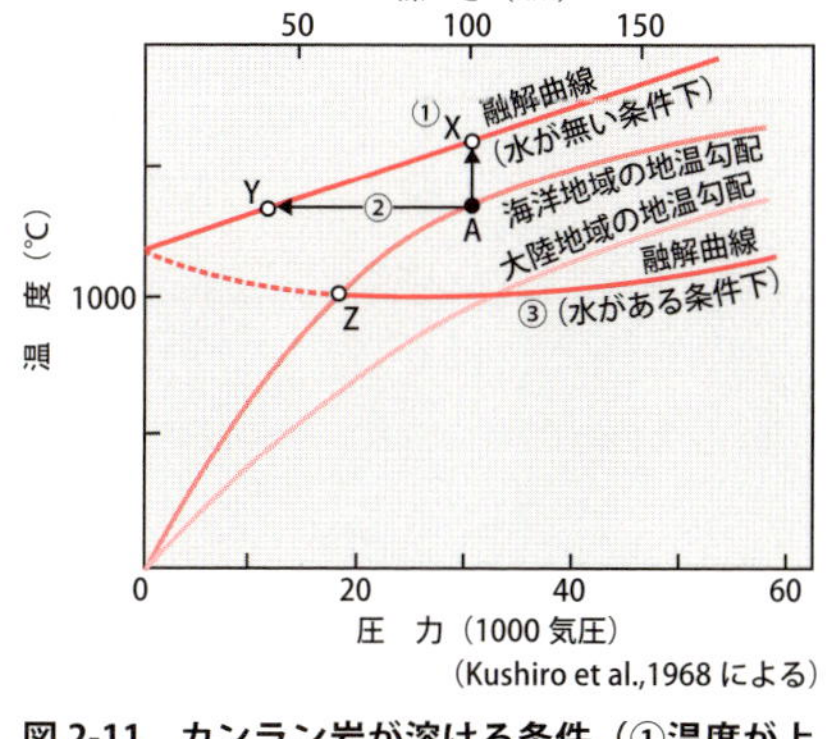

(Kushiro et al.,1968 による)

図 2-11　カンラン岩が溶ける条件（①温度が上がる、②圧力が下がる、③融解曲線が変わる）

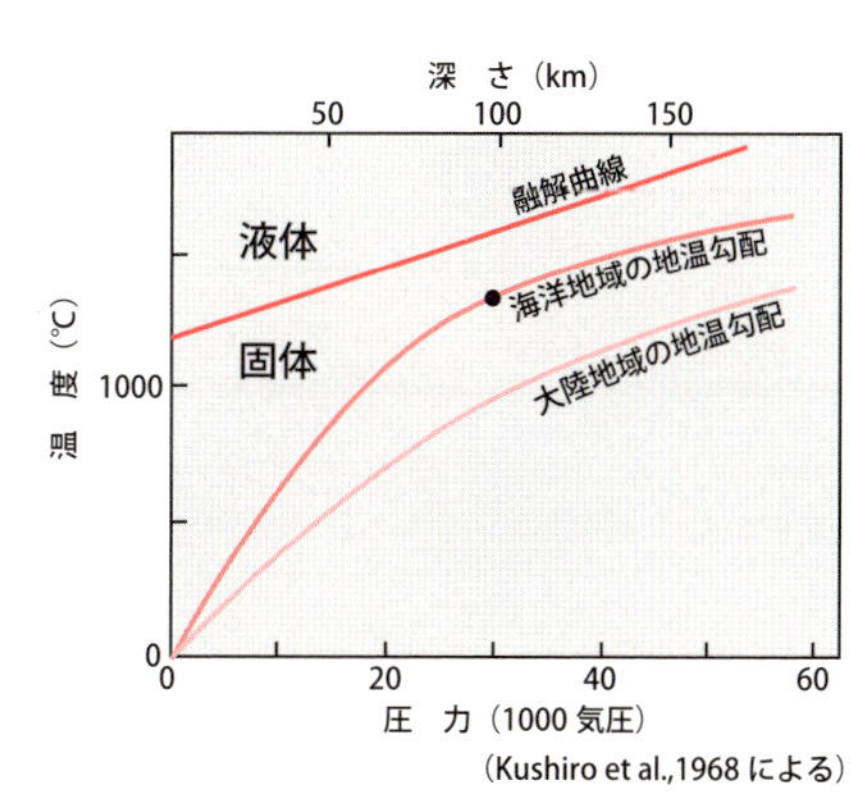

(Kushiro et al.,1968 による)

図 2-10　カンラン岩が溶ける温度と圧力

−13）。このため、マグマは固まりにくい成分が多くなり、次第に性質が変わって安山岩質マグマに変わります。また、もともとは玄武岩質マグマでも、安山岩が多い地殻を上昇するときに地殻の一部を溶かしている場合は、安山岩質マグマとなって地上に出てくることがあります。もともとはカンラン岩であっても、いろいろな性質を持ったマグマがあります。玄武岩質マグマは、さらさらと流出することが多く、安山岩質マグマは突然の爆発をすることが多いなど、マグマの種類によって噴火の様相がまるで違いますので、火山が噴火したときには、まず、どのようなマグマなのかが最大の関心事となります。

　岩石に水が加わると融解する温度が下がることが明らかになったのは１９６０年代になってからです。鉱物は高圧になると水を取り込みやすくなりますので、

図 2-12　海嶺地下での減圧融解によるマグマの生成

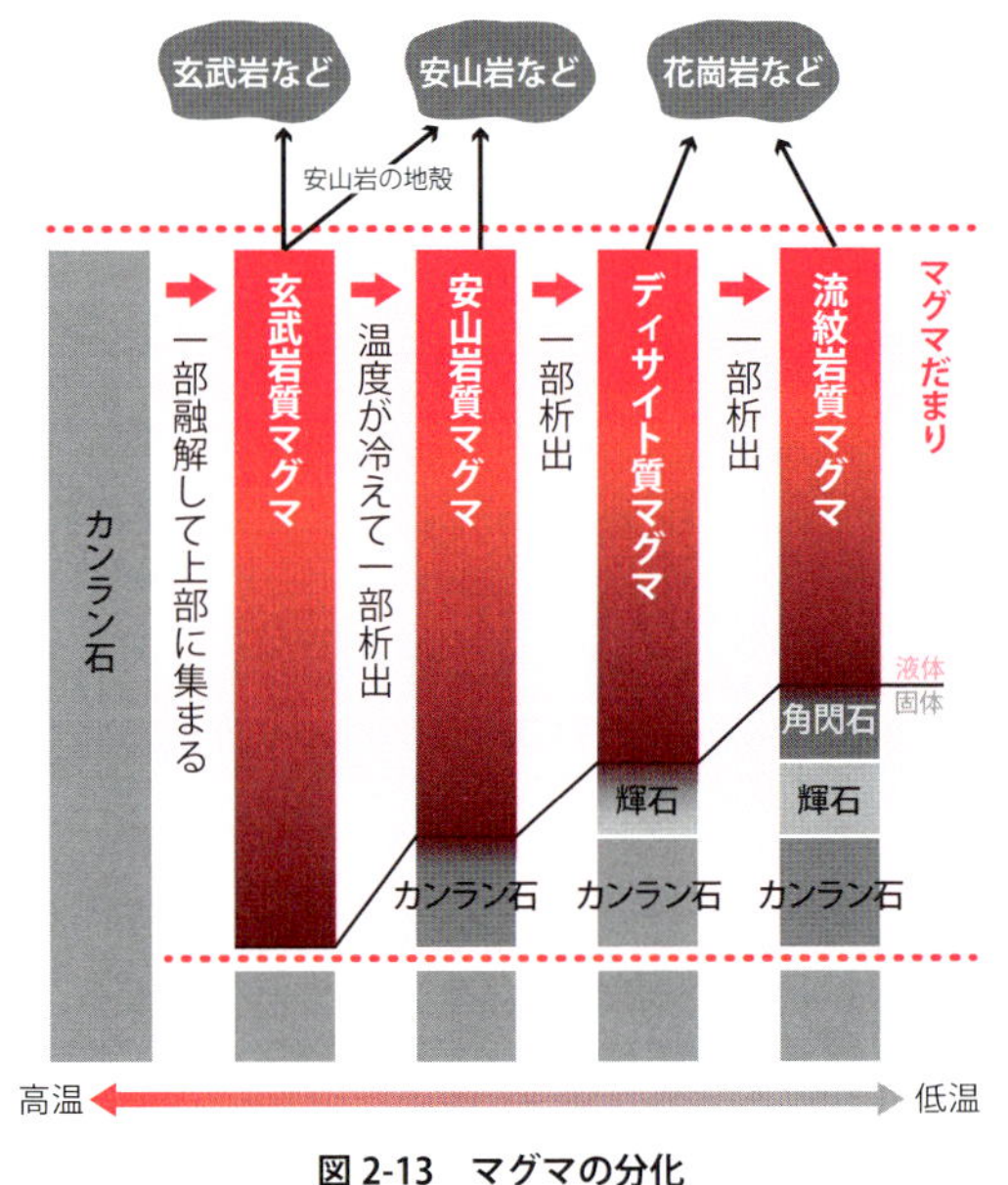

図 2-13　マグマの分化

海のプレートは水を多く含んでいます。地下80㎞の３万気圧という条件では、１５００℃までいかなくても、１０００℃位で溶けますので、③が起きます。日本付近を含む環太平洋で火山が多いのは、水を含んだ海のプレートが沈み込んで融解が起きるからです（図２‐14）。溶けたマグマは割れ目等を通って上昇し、大陸の地殻の主成分である安山岩を取り込みながらマグマだまりに蓄積されることが多く、多くの場合、地表に出てくるマグマは安山岩質のマグマとなります。

2-3 火山と巨大地震は出処が一緒

（1）日本は世界地震の３％が集まるが、火山は７％が集まる

世界には約１５００の活火山（海嶺付近の深い海の底にある火山を除く）があり、その多くは陸のプレートと海のプレートの境界付近に分布しています。前節で説明したように、海のプレートが陸のプレートの下に潜り込んでいくと、ある程度の高温高圧でマグマができます。日本付近は、東・北日本が載っている北アメリカプレートの下に太平洋プレートが潜り込んで日本海溝が、西日本が載っているユーラシアプレートの下にフィリピン海プレートが潜り込んで南海トラフが発達しています（図２‐７参照）。このため、日本では火山が多いのです。火

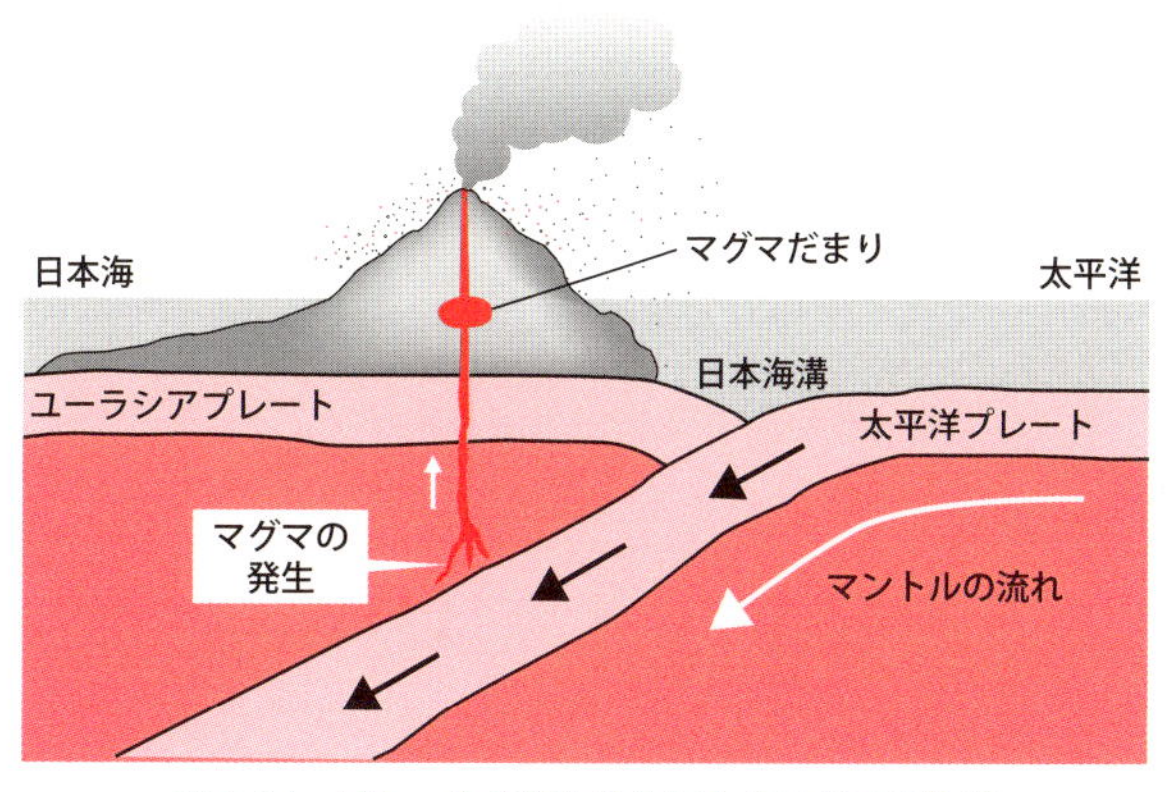

図 2-14　プレートの沈み込みによるマグマの生成

山は、プレート内のホットスポットとして分布しているものもあります。ホットスポットは、プレート内部を貫いて点状のマントルが湧き上がる場所で、ハワイの火山は代表的なものですが、火山の多くはプレートが沈み込んでいるところで、環太平洋地域には多くの火山があります。日本には、世界の活火山の7％にあたる110の活火山があります。世界でマグニチュード3以上の地震は1年間に14万回以上発生しており、そのうち日本およびその周辺では3％が発生していますので（表2-1）、火山は地震より日本に集中している現象なのです。

（2）日本付近でプレートが沈み込むので巨大地震も火山も発生する

日本列島が載っている陸側のプレートの先端は、ふだんは沈み込む海洋プレートに引き込まれて沈みますが、ある限界に達すると境界面が切れて、陸側のプレートがはね上がります。これが海溝型の巨大地震です。地震に伴って海底が隆起もしくは沈降すると、海面が変動し、大きな波となって四方八方に伝播します。これが、海溝型の巨大地震の津波です（図2-15）。地震はプレートの動きによって、地殻に少しずつ集積されていったエネルギーが一度に放出されることによって起こります。一度放出が起こった場所では、再びエネルギーが蓄積するまでは地震は起きませんが、プレートが同じ方向に動いている限り、どのくらい先かわかりませんが、エネルギーが蓄積され、巨大地震が再び発生します。巨大地震の

表2-1　世界の年平均地震回数（USGS（アメリカ地質調査所）による）と日本及びその周辺の年平均地震回数

マグニチュード（M）	①世界の地震回数	②日本の地震回数	比率（②×100／①）
M8.0以上	1	0.2	20%
M7.0～7.9	17	3	18%
M6.0～6.9	134	17	13%
M5.0～5.9	1,319	140	11%
M4.0～4.9	13,000推定値	900	7%
M3.0～3.9	130,000推定値	3,800	3%
M3.0以上	144,471	4,860.2	3%

起きる周期は、その場所によってさまざまで、周期自体も多少延び縮みしていますが、繰り返されていることには変わりがありません。

日本付近では、プレートが沈み込んでいるため火山が噴火しています。そして、さまざまな災害を引き起こしています。地下の深部で発生したマグマが地表に噴出する現象による災害が火山災害です。大きな噴石、火砕流、融雪型火山泥流、溶岩流、小さな噴石・火山灰、火山ガス、火山噴出物が雨で流されて発生する土石流や泥流などがあります（図2-16）。このうち、大きな噴石、火砕流、融雪型火山泥流は、噴火に伴ってすぐに発生するため、避難までの時間的猶予がほとんどなく、生命に対する危険性が非常に高いものです。

大きな噴石の例として1596の浅間山噴火があります。爆発的な噴火によって火口から概ね2～4㎞の範囲に吹き飛ばされる直径約50㎝以上の大きな岩石等

①陸側プレートの下に潜って沈み込もうとする海洋プレート。海洋プレートと陸側プレートは密着している

陸側プレート
海洋プレート

②沈下する海洋プレートの動きに引きずられて陸側プレートも沈み込んでいく

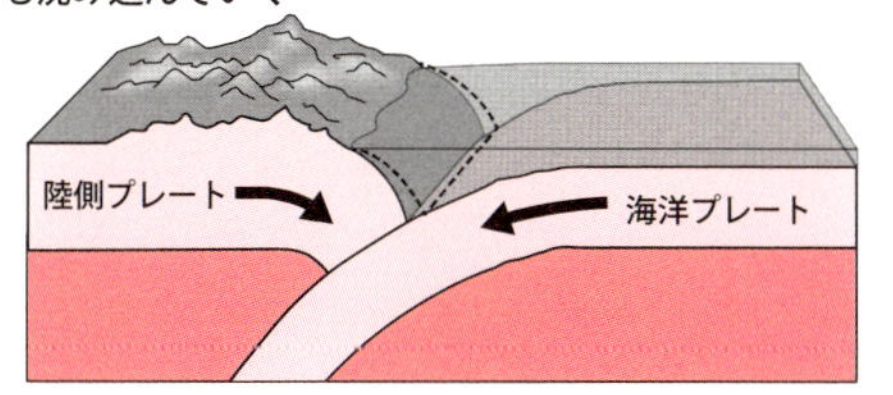

③ある時点までくると、陸側プレートはこの動きに急激に反発する。陸と海の境界がずれ、この断層運動のために地震が起き、津波が発生する

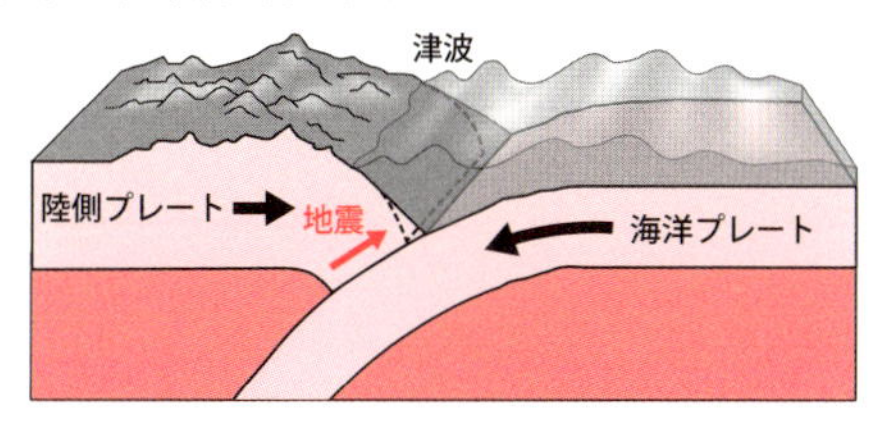

図 2-15　海溝型の巨大地震の津波

は、風の影響を受けずに火口から弾道を描いて飛散して短時間で落下し、建物の屋根を打ち破るほどの破壊力を持っています。

火砕流の例として、1990年の雲仙岳噴火があります。高温の火山灰や岩塊、空気や水蒸気が一体となって急速に山体を流下する現象で、規模の大きな噴煙柱（大量の軽石や火山灰等の柱のような吹き上げ）や溶岩ドームの崩壊などにより発生します。流下速度は時速100km以上、温度は数100℃にも達することがあり、大規模な場合は地形の起伏にかかわらず広範囲に広がり、通過域を焼失、埋没させ、破壊力が大きく極めて恐ろしい火山現象です。

融雪型火山泥流の例として、1926年の十勝岳があります。積雪期の火山において噴火に伴う火砕流等の熱によって斜面の雪が溶かされて大量の水が発生し、周辺の土砂や岩石を巻き込みながら高速で流下する現象です。流下速度は時速60kmを超えることもあり、谷筋や沢沿いをはるか遠方まで一気に流下し、広範囲の建物、道路、農耕地が破壊され埋没する等、大規模な災害を引き起こしやすい火山現象です。積雪期の噴火時等には融雪型火山泥流の発生を確認する前にあらかじめ避難が必要です。

マグマが火口から噴出して高温の液体のまま地表を流れ下るものが溶岩流で、水のように低いところ、低いところへと流れます。通過域の建物、道路、農耕

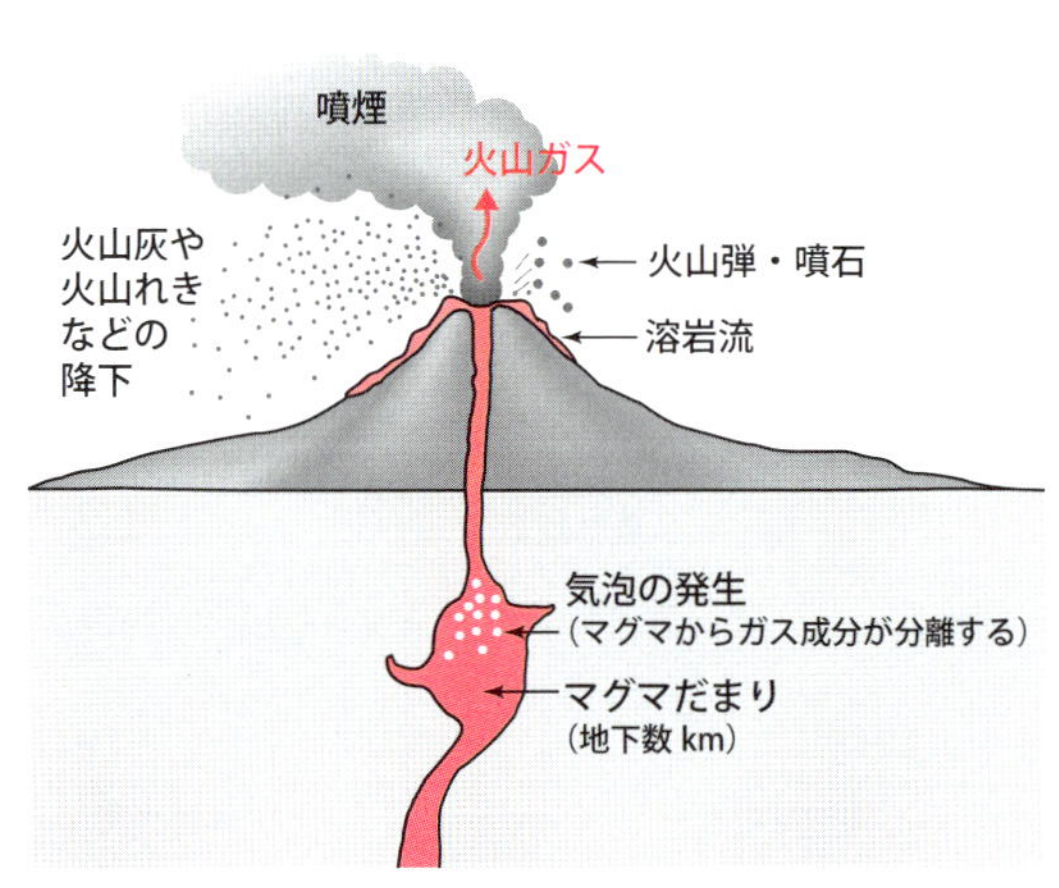

図 2-16　火山のしくみ（噴火タイプ）

地、森林、集落を焼失、埋没させて完全に不毛の地と化しますが、流下速度は比較的遅いために人の足による避難が可能です。

噴火により噴出した小さな固形物のうち直径２㎜以上のものを小さな噴石（火山れき）、直径２㎜以下のものを火山灰といい、粒径が小さいほど火口から遠くまで風に流されて降下します。小さな噴石は、火口から10㎞以上遠方まで風に流されて降下する場合もありますが、噴出してから地面に降下するまでに数分～10数分かかることから、火山の風下側で爆発的噴火に気付いたら屋内退避で身を守ることができます。火山灰は、時には数１００㎞以上運ばれて広域に降下・堆積し、農作物の被害、交通麻痺、家屋倒壊、航空機のエンジントラブルなど広く社会生活に深刻な影響を及ぼします。

２０００年（平成12年）からの三宅島の活動のように、火山地域ではマグマに溶けている水蒸気や二酸化炭素、二酸化硫黄、硫化水素などのさまざまな成分が、気体となって放出されます。ガスの成分や濃度によっては人体に悪影響を及ぼしますので、２０００年の噴火の場合は、４年半におよぶ長期の住民避難生活が強いられました。

火山噴火により噴出された岩石や火山灰が堆積しているところに雨が降ると土石流や泥流が発生しやすくなります。これらの土石流や泥流は、高

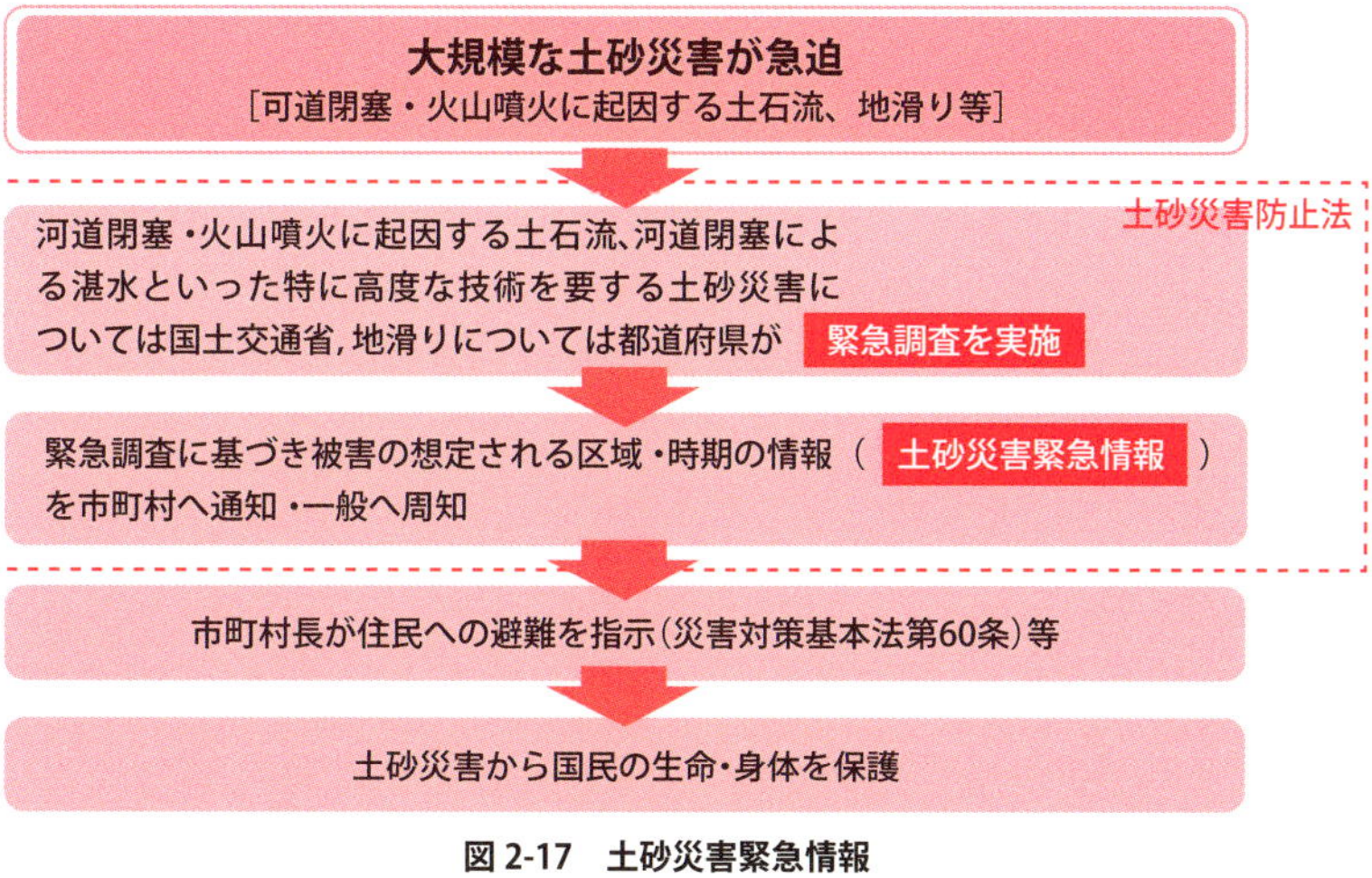

大規模な土砂災害が急迫
［可道閉塞・火山噴火に起因する土石流、地滑り等］

↓

土砂災害防止法

河道閉塞・火山噴火に起因する土石流、河道閉塞による湛水といった特に高度な技術を要する土砂災害については国土交通省，地滑りについては都道府県が 緊急調査を実施

↓

緊急調査に基づき被害の想定される区域・時期の情報（ 土砂災害緊急情報 ）を市町村へ通知・一般へ周知

↓

市町村長が住民への避難を指示（災害対策基本法第60条）等

↓

土砂災害から国民の生命・身体を保護

図 2-17　土砂災害緊急情報

速で斜面を流れ下り、下流に大きな被害をもたらします。住民に避難指示をする権限は市町村にありますが、大規模な土砂災害の経験が少なく、避難指示の判断等の根拠となる情報を自ら入手することが困難ですが、ひとたび発生すると広範囲に多大な被害が及ぶとともに時々刻々と変化するリスクの把握が必要となります。このため、大規模な土砂災害が急迫している状況において、市町村が適切に住民の避難指示の判断等を行えるよう特に高度な技術を要する土砂災害については国土交通省が、その他の土砂災害については都道府県が、被害の想定される区域・時期の情報を提供するため、２０１０年（平成22年）11月に土砂災害防止法の一部改正が行われています。こうして発表されるようになったのが、土砂災害緊急情報です（図２-17）。

（３）火山の記録（火山爆発指数・世界で一番高い火山）

◎火山爆発指数

火山噴火の規模をあらわすのに、火山爆発指数（VEI: Volcanic Explosivity Index）が使われます。これは、１９８２年にアメリカの地震調査所のクリス・ニューホールとハワイ大学のステファ

表 2-2　火山爆発指数（VEI: Volcanic Explosivity Index）

火山爆発指数		噴出物の量 km^3	過去１万年間の発生数	代表的な火山
0	非爆発的	0.00001 未満	無数	
1	小規模	0.0001 ～ 0.001	無数	
2	中規模	0.001 ～ 0.01	3477	有珠山（2000 ～ 2001）
3	やや大規模	0.01 ～ 0.1	868	
4	大規模	0.1 ～ 1	278	富士山（1707）、浅間山（1783）、桜島（1914）
5	どうしようもないほど大規模	1 ～ 10	84	イタリアのヴェスヴィオ山（BC1660 ± 43）、樽前山（1739）、アメリカのセントヘレンズ山（1980）
6	並外れて巨大（colossal）	10 ～ 100	39	韓国の鬱陵島（1 万年前）、北朝鮮の白頭山（969 ± 20）、フィリピンのピナトゥボ山（1991）
7	（super colossal）	100 ～ 1,000	5（+2 推定）	阿蘇山（9 万年前）、姶良カルデア（2 万 9000 年前）、鬼界カルデラ（BC5300 年頃）、ギリシャのサントリーニ島（BC1260 年代）、インドネシアのタンボラ山（1815）
8	（mega colossal）	1,000 以上	0	アメリカのイエローストン（64 万年前）

ン・セルフが作った指数で、噴出物の量で火山爆発を見る指数です（表２‐２）。噴出物が何であるのかを区別しないことや、緩やかに流れる溶岩流は全く考慮しないなどの欠点がありますが、有史以前の噴火の規模を決められるという利点があります。

火山噴火指数が８の噴火として、64万年前のアメリカのイエローストーンがあります。このときの噴出物は、アメリカ合衆国の半分を覆うという、すさまじいものでした（図２‐18）。

◎世界で一番高い火山

世界で一番高い山は、ネパールと中国の国境にあるエベレストで、標高８８４８ｍですが、５５００～５０００万年前から始まったインドプレートとユーラシアプレートの衝突による隆起でできていますので、火山ではありません。火山で一番高いのは、チリとアルゼンチンの国境にあるオホス・デル・サラード山で、標高６８９３ｍです。このような高い火山は、ほぼ同一の火口からの複数回の噴火により溶岩や火山砕屑物などの積み重ねでできている成層火山です。ただ、ハワイ島のマウナ・ケア山は、標高４２０５ｍですが、海底にある裾野から計算すると１０２０３ｍの標高ということ

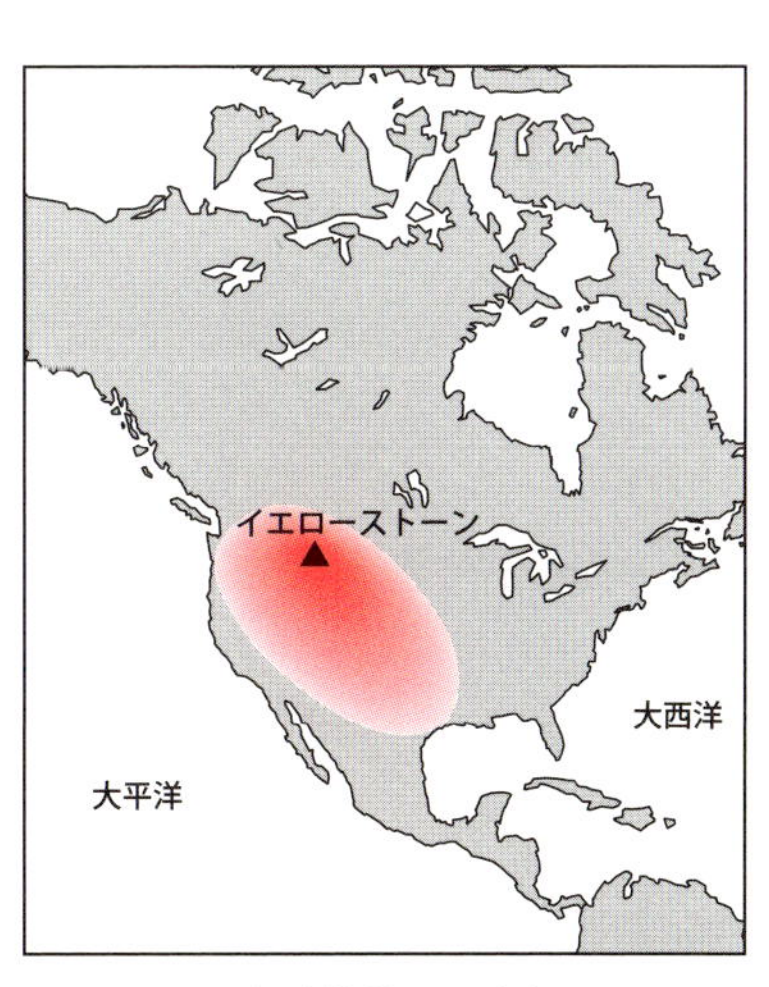

図 2-18　火山爆発指数 8 の噴火をした 64 万年前のアメリカのイエローストーンの噴出物の範囲

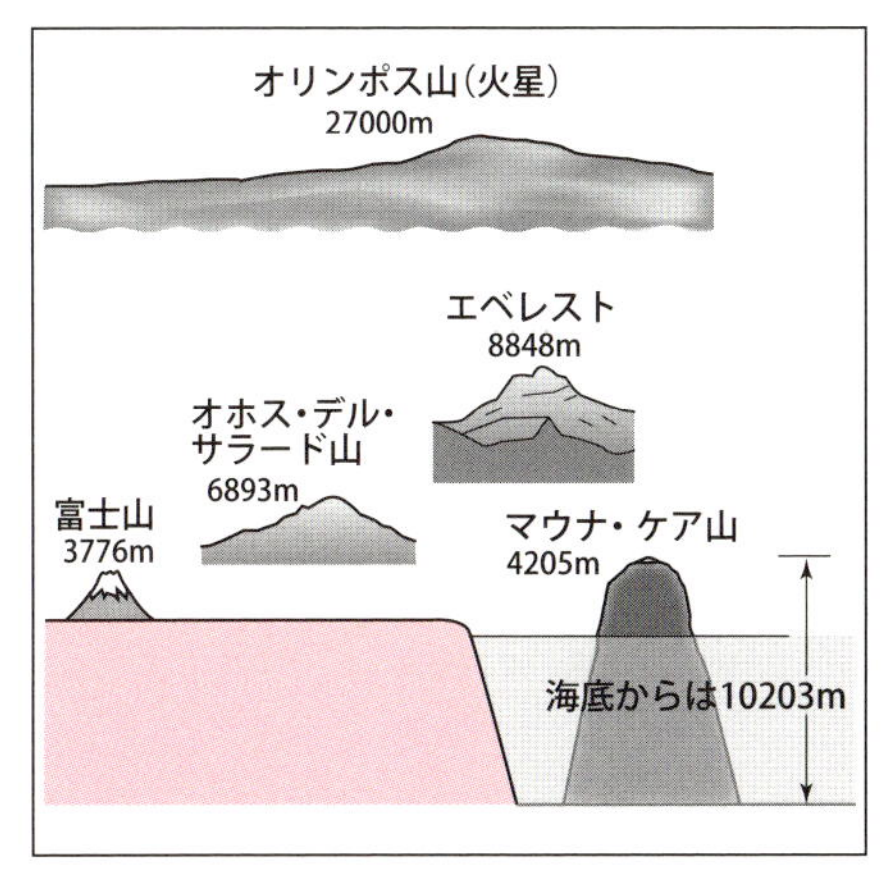

図 2-19　大きな火山

になり、事実上の一番高い火山ということもできます（図2-19）。ちなみに、太陽系で最大の火山は、火星にあるオリンポス山で、高さが27000m、底辺が550kmもあります。

逆に、一番小さな火山は、火山の定義によっていろいろな説がありますが、山口県萩市にある笠山（標高112m）といわれています。約1万年前の1回の噴火でできたといわれる単成火山です。ただ、単成火山といっても、単成火山が多数集まって全体が一連のマグマ活動と考えられる場合は、単成火山群として複成火山扱いとすることがあり、笠山は、阿武火山群のなかの火山です。

2-4 火山の恵み

(1) 温泉と地熱発電所

火山の恵みには、美しい景観による観光資源のほか、温泉や地熱発電、金属鉱床などさまざまなものがあります。温泉の多くは、火山活動と密接に関係して形成されます。火山地帯では、地下深部から上昇してくる高温のマグマによる熱で地下水が温められて温泉になるのですが、火山のない近畿・中国・四国地方にも温泉があります（図2-20）。これは、プレートの沈み込む角度と関係しています。

海のプレートが陸のプレートの下の約200km位まで沈んだ場所で

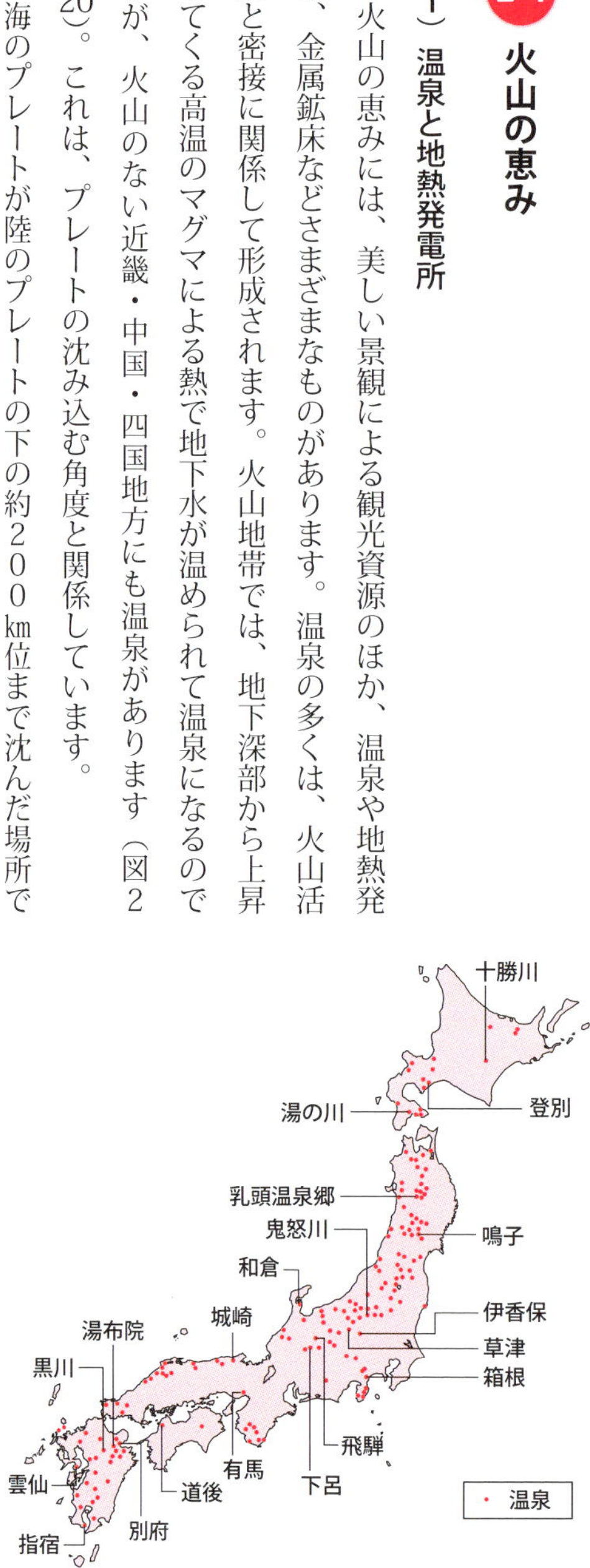

図 2-20　日本の主な温泉

マグマができます（第2章2-2参照）が、プレートの沈み込みの仕方には差があります（図2-21）。小笠原諸島のようにフィリピン海プレートと太平洋プレートの接する場所では、二つのプレートの動く方向が同じであることもあり、太平洋プレートは急角度で沈み込んでいますので、火山前線はプレートの沈み込みの場所の近くになります。これに対し、北日本の東海上での北アメリカプレートに対する太平洋プレートは、両者のプレートが動く方向が逆であることに加え、誕生して時間がたち、重くなっていますので、太平洋プレートがある程度の角度で沈み込んでいます。これに対し、フィリピン海プレートは、誕生してから間もないプレートであるため、まだ温度が高く、相対的に軽いプレートですので、沈み込む角度が浅く、岩石が溶ける温度と圧力である地下２００㎞付近まではなかなか達しないことから火山がないだけです。しかし、沈み込む角度が浅いということは、近畿・中国・四国地方の地下には膨大な熱が蓄えられているということで、和歌山県の白浜温泉、愛媛県の道後温泉、兵庫県の有馬温泉など、有名な温泉が多数あります。とくに有馬温泉は、地下深くまで岩盤が割れており、地下深くからの温泉水といわれています。また、囲碁での最高の黒石といわれる「那智黒石」と呼ばれる石は、泥岩などの炭素を多く含む堆積岩が高温と高圧によって変質したもの

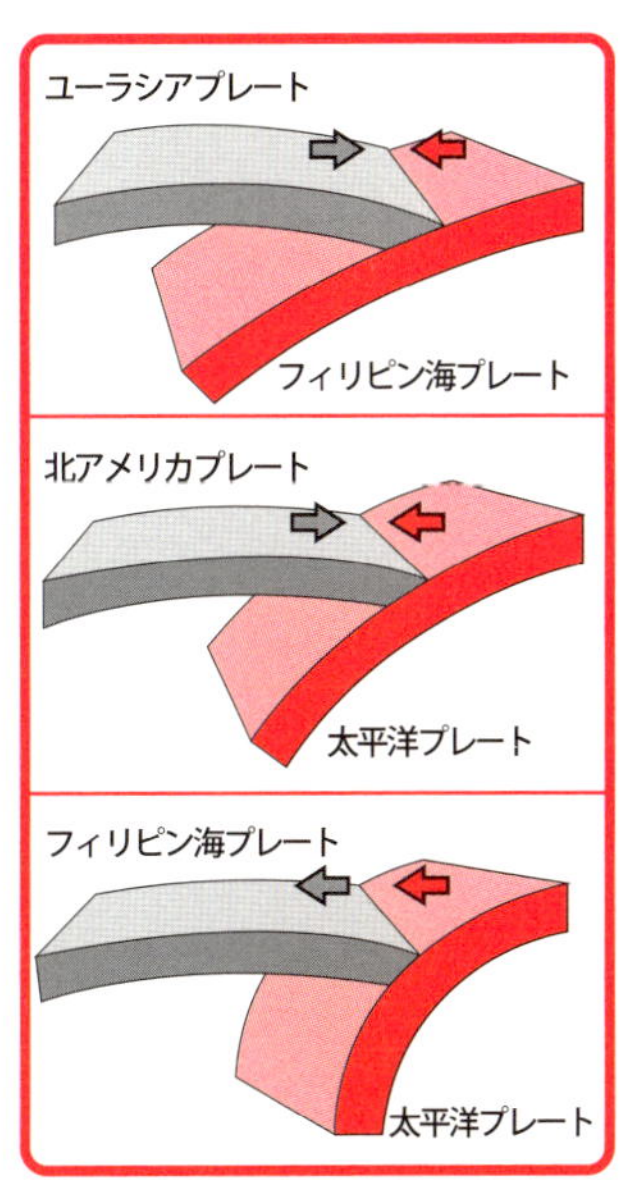

図 2-21　プレートの沈み込む角度の違い

で、紀伊半島南部の三重県熊野市を中心として採取されます。これも、近畿地方の地下には膨大な熱が残っているという間接的証拠といえるでしょう。日本の地下には膨大な熱があるのですが、日本は雨が多く豊富な地下水があるので温泉が湧出し続けるのです。

温泉が湧くところでは硫黄などが採取できるのですが、それだけでなく、金、銀、銅など、いろいろな種類の鉱物資源が豊富にあります。このため、日本では明治までは、銅などの鉱物資源の輸出国でした。工業が盛んになり、外国から鉱物資源が安く手に入るようになってきたため、現在では輸入国となっています。日本周辺の海底には、マグマによって熱せられた高温水が海底の割れ目から噴出している場所が無数にあります。ここでは、高温水が海水で冷やされ、含まれている金属などが冷やされてできた熱水鉱床ができています。地殻変動で熱水鉱床が隆起し、陸地になって鉱山となっているのは、ほんの一部で、ほとんど全ては海の中にあります。日本は国土面積が狭いといっても、排他的経済水域が非常に広く、その海底には金、銀、銅、鉛、亜鉛などの膨大な資源が眠っています。将来、これらの資源を安価に採取できる技術開発が進めば、日本は資源大国になることができます。

地熱発電は地下の熱を使い、地熱で発生した蒸気を用いて発電を行います。地下水が豊富にない場合は、地下の岩に亀裂を作り、水を注入して蒸気を取り出す技術開発も行われています。日本は火山国ですので、地下には無尽蔵といえる地熱が溜まっています。それを利用する地熱発電は、建設費用が多少かかっても、燃料の購入コストがほとんどかかりませんので、周りの景観を壊さないなどの立地条件の問題や、施設・配管の耐久性やコストといった問題がクリアできれば、現在は少ない地熱発電所を多数建設できる可能性があります。例えば、東京都八丈島には東京電力の八丈島地熱・風力発電所があり、同じ敷地内にある地熱発電所（3300kW）は1999年から、風力発電所（500kW）は2000年から運転しています（図2-22）。地熱発電量はこまめに発電量を調節することができず、余っても島外へ送電できませんので、電力消費が一番少ないときに発電量をあわせ、足りないところを内燃力発電所（ディーゼル発電）で補っています。風力発電量は不安定ですが、風力発電ができるときは、内燃力発電所の負担軽減となります（図2-23）。そして、地熱発電の役割を終えた約40℃の温水は、園芸用温室

図 2-22　八丈島地熱・風力発電所（写真：東京電力）

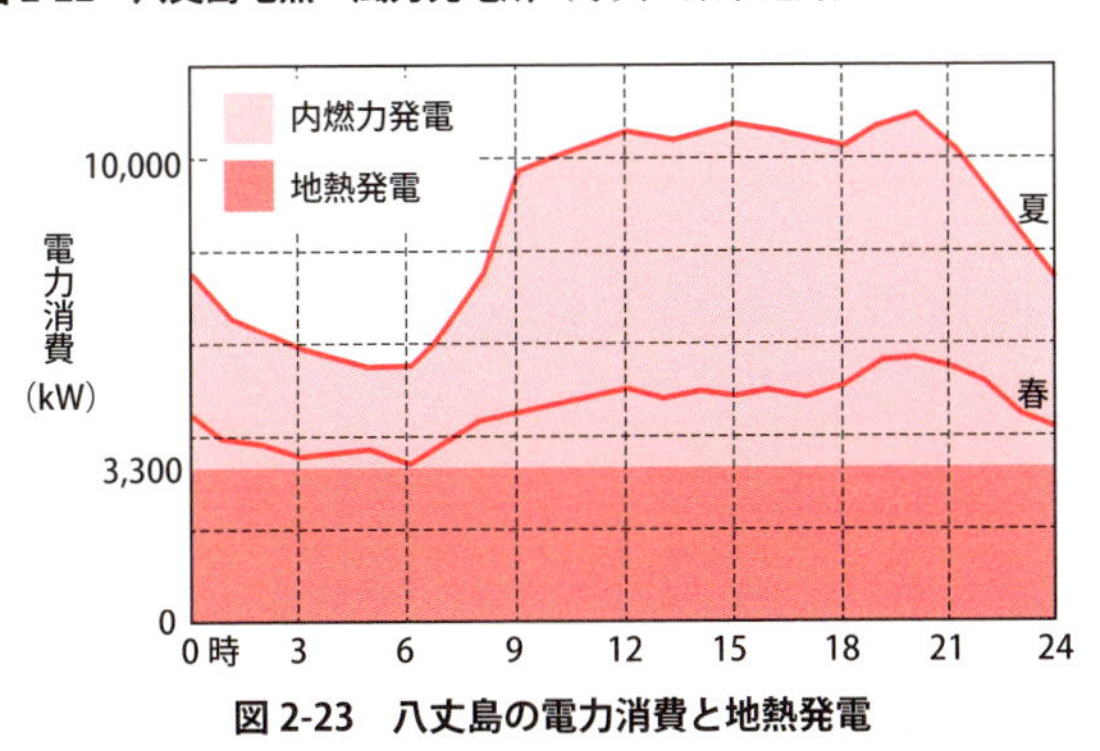

図 2-23　八丈島の電力消費と地熱発電

の冬季間暖房として使われていますので、電力消費を抑えている側面もあります。

(2) 火成岩を作る鉱物

日本の中で、近畿・中国・四国地方には活火山がありませんが、昔からなかったわけではありません。兵庫県北部の豊岡市にある神鍋高原（かんなべこうげん）には、約2万年前の火山活動でできた神鍋山（標高469ｍ）があり、山頂には周囲約750ｍ、深さ約40ｍの噴火口跡が残っています。また、神鍋山から稲葉川を下った玄武岩質の神鍋溶岩流によって形成された渓谷は、滝や淵が続く変化に富んだ景観をしています。

兵庫県豊岡市にある国の天然記念物の玄武洞（げんぶどう）は、約160万年前の噴火によって噴出されたマグマが冷却されて形成された玄武岩です（図2-24）。冷却される際に体積が小さくなることでできる割れ目（節理）が顕著にできたことから、周辺地域では切り出しやすい石材として使われ、その採掘跡が洞窟として残り、景勝地となっているものです。玄武岩の柱状節理によって、洞窟内では亀甲状の天井や5～8角の石柱がみられ、1807年（文化4年）に幕府の儒学者・柴野栗山がここを訪れ、伝説上の動物玄武の姿にみえることから「玄武洞」と名付けたといわれています。近くには、青龍洞、白虎洞、南朱雀洞、北朱雀洞の洞窟があ

図 2-24　兵庫県北部にある玄武洞（写真：豊岡市）

り、中国の方角（四象）をあらわす４種の動物、東方の青龍、西方の白虎、南方の朱雀、北方の玄武と揃っていますが、いずれも玄武岩の柱状節理です。

　１８８４年（明治17年）に東京大学の地質学者・小藤文次郎が岩石「basalt（語源はこの石が産出したヨルダンの地名Bashanからなど諸説あり）」の日本名を制定する際に、同じ岩石でできている玄武洞の名に因んで「玄武岩」と命名しました。なお、「andesite（語源はこの石が産出した南米アンデス山中の火山岩）」については、いろいろな日本名が使われましたが、１８８６年に西山正吾による『伊豆図幅説明書』以降は、アンデスの山の石という意味を踏襲して「安山岩」が使われています。

　マグマが固まってできた岩石が火成岩ですが、二酸化ケイ素（SiO_2）が少ない

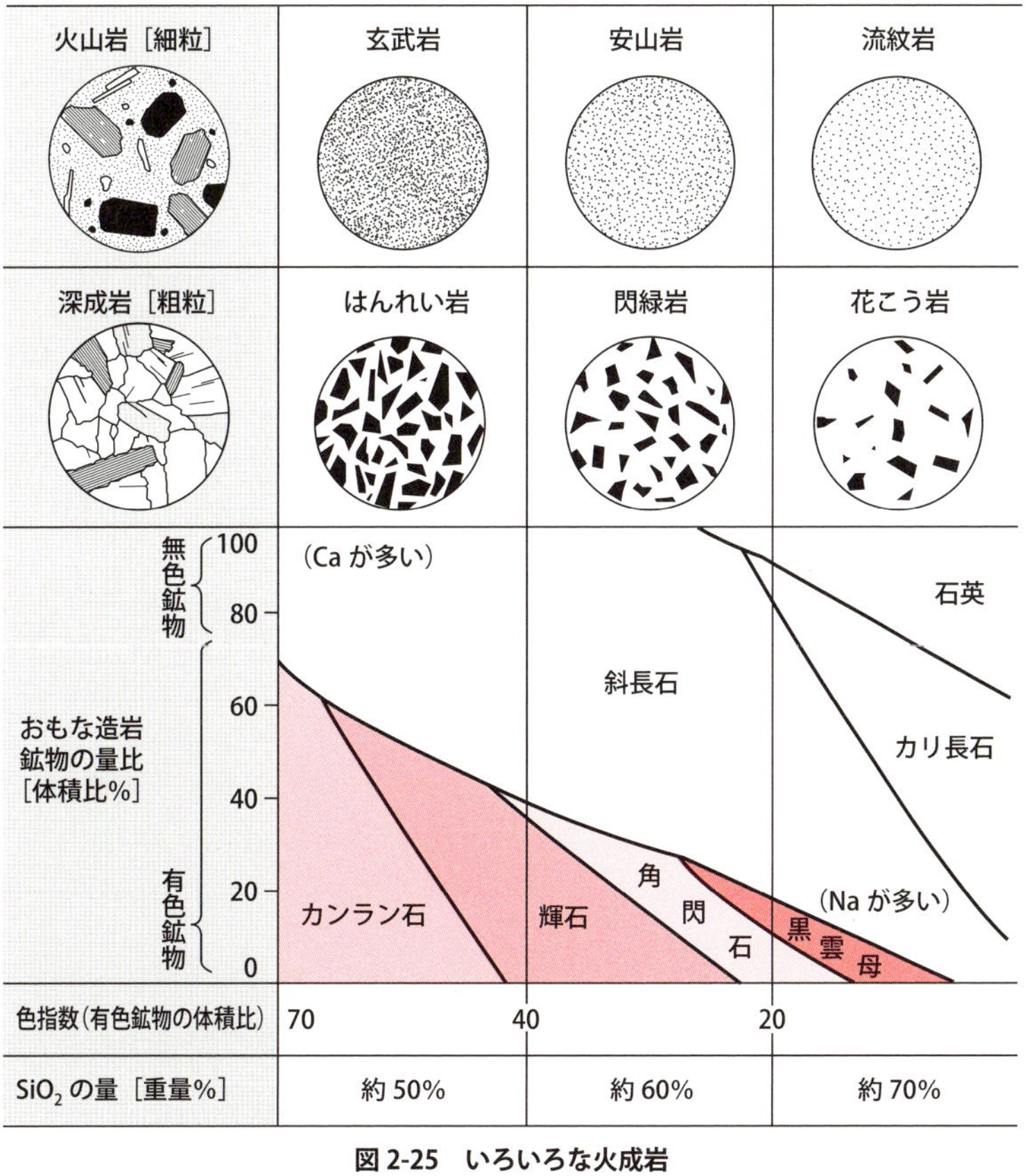

火山岩［細粒］	玄武岩	安山岩	流紋岩
深成岩［粗粒］	はんれい岩	閃緑岩	花こう岩
色指数（有色鉱物の体積比）	70	40	20
SiO_2 の量［重量%］	約 50%	約 60%	約 70%

おもな造岩鉱物の量比［体積比%］
無色鉱物
有色鉱物
100
80
60
40
20
0
（Ca が多い）
（Na が多い）
石英
斜長石
カリ長石
カンラン石
輝石
角閃石
黒雲母

図 2-25　いろいろな火成岩

玄武質マグマからできた玄武岩やはんれい岩は黒っぽい岩です。逆に、二酸化ケイ素が多い流紋岩質マグマからできた流紋岩や花崗岩は白っぽい岩です。また、その中間の性質のマグマからは安山岩や閃緑岩ができます（図2-25）。成分だけでなく、マグマが固まる時間によっても違った岩石になります。地中深くでマグマが時間をかけて冷える場合は、鉱物の成長が大きく、粗粒の鉱物質からなる花崗岩などの深成岩となります。これに対し、マグマが噴出して急に冷やされると、そのときにできたガラスや細粒の結晶と、マグマだまりの中でできた大きな結晶が混じった火山岩となります。

（3）火山灰は考古学における時計の役目

阿蘇山は約30万年前から9万年前にかけて大規模な噴火が4回あり、地下から多量の火砕流や火山灰を放出したため、カルデラと呼ばれる巨大な窪地を作っています。中でも、4回目の9万年前の噴火（ASO4）が最も大きく、火砕流は九州中央部から山口県まで達し、火山からの噴出物は600㎦と非常に多く、火山灰は日本全国だけでなく朝鮮半島からロシアの沿海州まで広がっています。北海道東部でも10㎝の灰が降ったとの調査もあります（図2-26）。

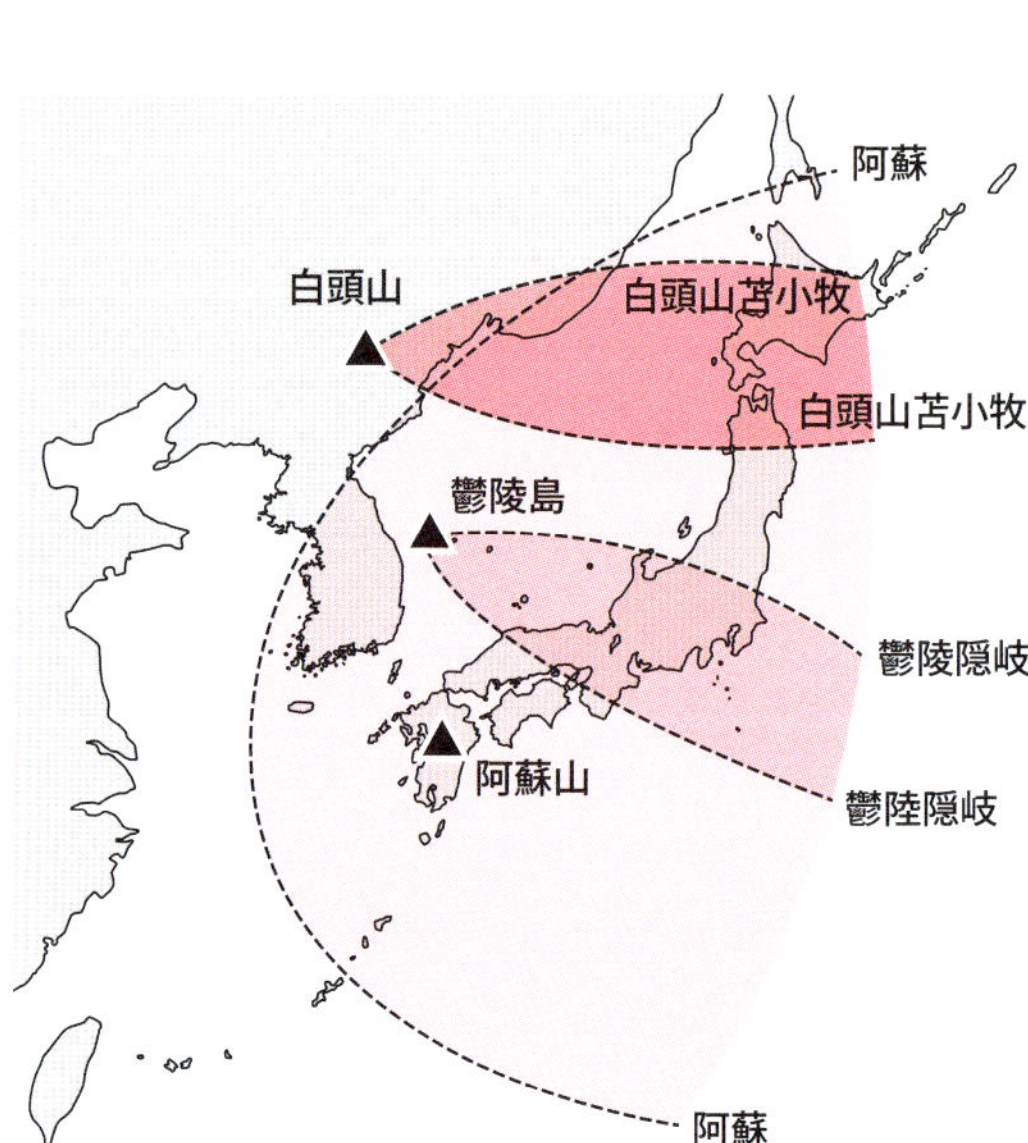

図 2-26　阿蘇山と鬱陵島と白頭山からの噴出物（テフラ）の範囲

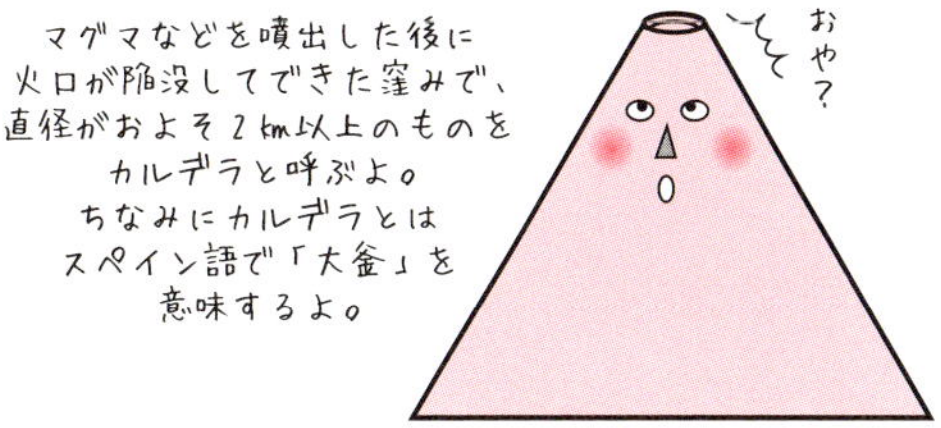

マグマなどを噴出した後に
火口が陥没してできた窪みで、
直径がおよそ２km以上のものを
カルデラと呼ぶよ。
ちなみにカルデラとは
スペイン語で「大釜」を
意味するよ。

おや？

巨大な噴火によって多量の火山噴出物が広範囲に、数時間から数日のうちに降り積もりますが、そのときの噴火によって火山ガラスや鉱物の組み合わせが違いますので、大噴火であれば、あとから、どの火山噴火によるものなのかを容易に推定できます。このため、離れた場所の地層から同じ火山からの噴出物が出てきたときには、これらの地層は同時期にできたといえます。ＡＳＯ４は、大量の火山灰が日本全国に降り注いだことから、植物学や考古学でなどの研究では、時代をあらわす指標として使われています。つまり、地層からＡＳＯ４の火山灰が出てきたら、その地層は９万年前の地層であることがはっきりします。阿蘇山だけでなく、鬱陵島や白頭山から飛来した火山噴出物も、図2-26で示す範囲に飛来していますので、火山灰を分析して白頭山（鬱陵島）のものであるとわかればその地層は約１０００年前（１００００年前）の地層ということができます。

コラム❷ フォッサマグナの西縁は糸静線

明治政府は、1875年（明治8年）にドイツの地質学者ハインリヒ・エドムント・ナウマンを東京大学地質学教授として招きます。弱冠20才のナウマンは、以後の10年間に多くの地質家を養成するとともに、北海道を除く日本各地を歩いて地質図を作り、日本の殖産興業に貢献しています。長野県の野尻湖の湖底から発見された象の化石は、ナウマンにちなみ、ナウマン象と命名されています。

ナウマンの発見で最大のものは、フォッサマグナです。ラテン語で大きな窪みを意味するフォッサマグナは、東北日本と西南日本の境目とされる地帯で、その西縁は新潟県の糸魚川と静岡を結ぶ「糸静線」です。ナウマンは、東縁を新潟県の直江津と神奈川県の平塚と考え、ここにある妙高山、八ヶ岳、富士山、天城山という火山列は、フォッサマグナの部分が落ち込んだ断層を通ってマグマが上昇したと考えました。また、関東から九州へ至る日本最大の断層系を中央構造線と命名し、南側を南西日本外帯、北側を内帯としています。中央構造線は、糸静線と長野県諏訪湖付近で交わり、伊那谷から静岡県をかすめ、渥美半島を通って西に伸びています。

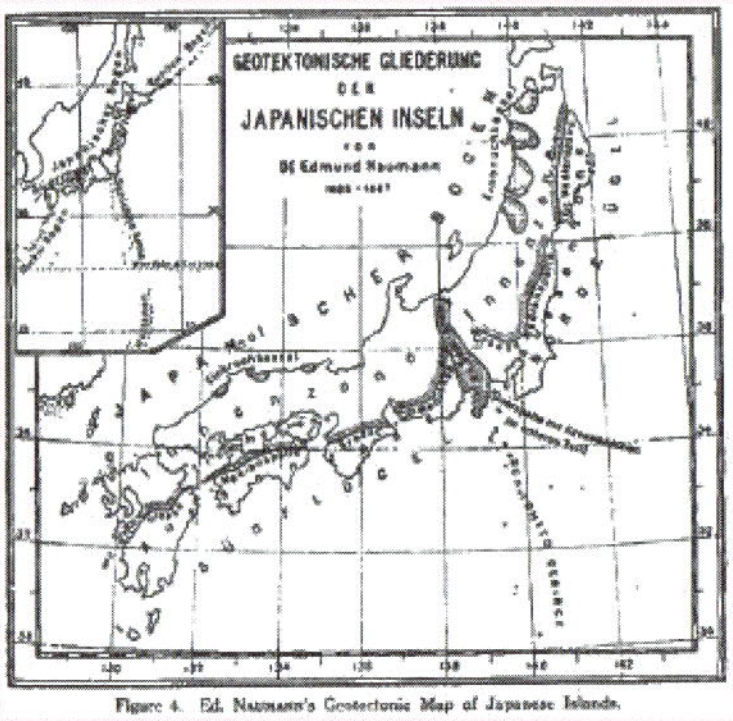

日本列島の地質調査が進むと、糸静線はナウマンの考え通りでしたが、フォッサマグナ

Figure 4. Ed. Naumann's Geotectonic Map of Japanese Islands.

図1　ナウマンの地質構造図

東縁は、新潟県柏崎から千葉市に至る線で、関東山地はフォッサマグナの落ち残りという考えが一般的になってきました。火山の溶岩には鉄などの磁性体が含まれており、高温の融解状態では磁性を失っていますが、それが冷却して固化する過程で地球磁場の影響をうけ、地球磁場を記録する方向に磁気を帯びます（p・53）。この磁気は、固まった溶岩が再び溶けないかぎり、その時代における北極の向きを保っていますので、これを分析することで、大地の回転がわかります。これを使った調査から、2000万年前にアジア大陸から南西日本が分離し時計回りに回転しながら南下し、同じ頃に北東日本もアジア大陸から分離し、反時計まわりに回転しながら激しい火山活動を伴いながら南下しています。そこに丹沢山地や伊豆半島が衝突して、現在の日本列島ができたといわれますが、ナウマンの基本的な考えは今も踏襲されています。

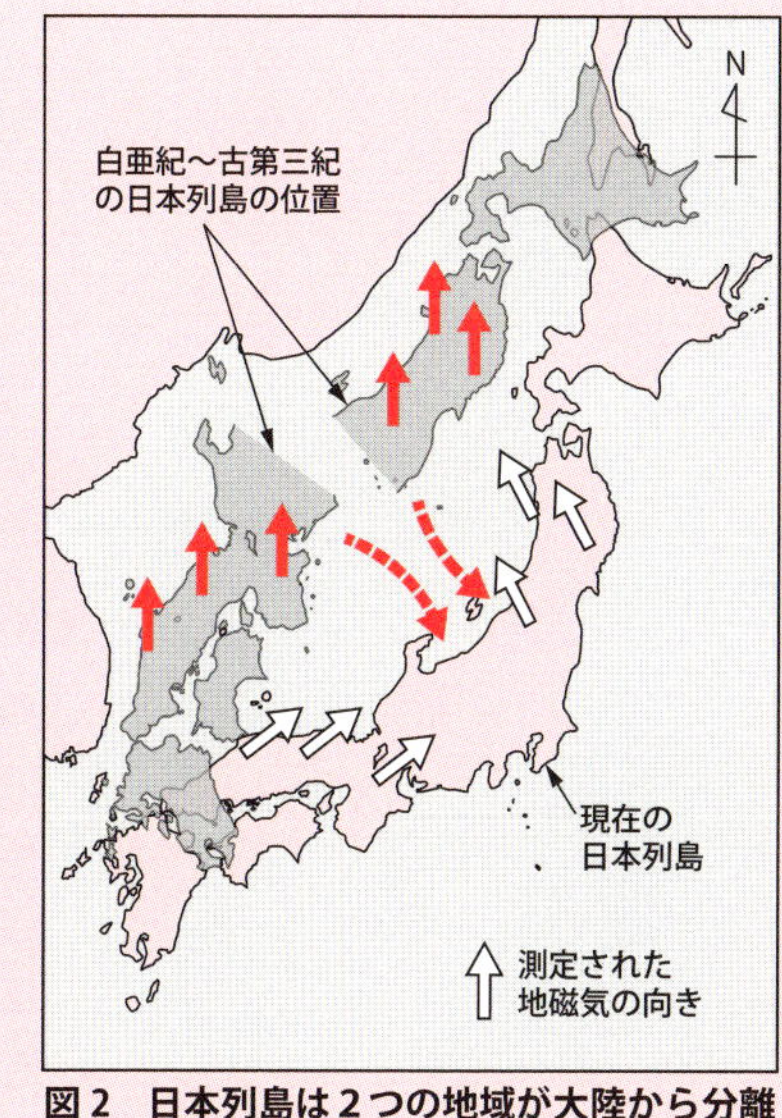

図2　日本列島は2つの地域が大陸から分離で誕生

第3章　火山への対応

3-1　火山の監視

(1) 日本の火山

図3-1は、地震の震源地から推定した、太平洋プレートとユーラシアプレート・フィリピン海プレートの等深線ですが、100～200㎞の場所というのは、火山が連なっている場所でもあります。海のプレートがそこまで沈み込むと、発生する熱がたまって岩石が溶け、上昇してきます。それが地下数キロメートルのマグマだまりにたまります。そして、そこから地表に出てきたのが噴火、液体のマグマが出てきたのが溶岩です。プレートが単に衝突する場所では、火山は生じません。火山があるのは、海の中で人知れず噴火している海嶺を除くと、陸のプレートに比べて比重が重い海のプレートが衝突して、下に潜り込んでいる場合です。世界の多くの人にとって、火山は地震よりめずらしい現象です。

もともとのマグマは、二酸化ケイ素（SiO_2）が少なく、流動性

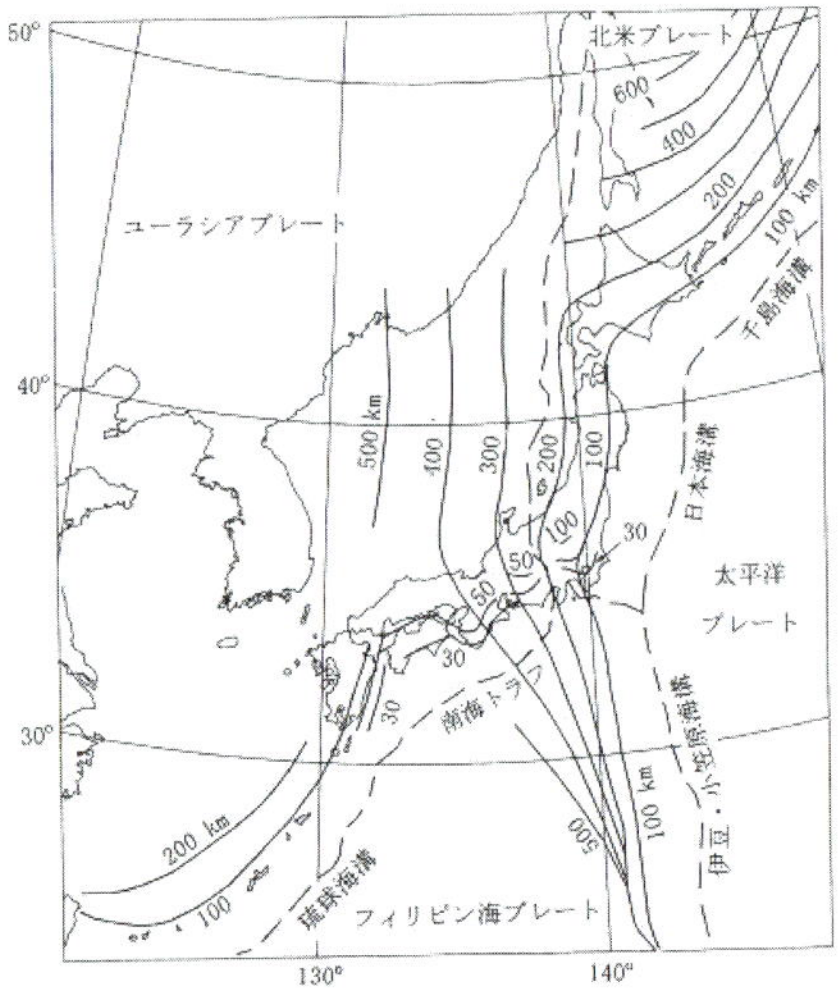

図3-1　太平洋プレートとフィリピンプレートの深さ
（出典：宇津徳治「地震学」共立出版）

が高い玄武岩質です。中央海嶺でのマグマや、アイスランドの火山は、このようなマグマです。マグマだまりにたまる過程で、周囲の岩石を溶かし、一部の鉱物が結晶となってマグマから抜け、性質が変わります。二酸化ケイ素を多く含むようになると、流動性がわるくなり、爆発性が高まります。

　マグマに二酸化ケイ素が含まれるようになると、玄武岩質マグマから、安山岩質マグマ、デイサイト質マグマ、流紋岩質マグマと変わり、色が白っぽくなります。火口から噴き出すときの温度は、玄武岩質マグマで１２００℃前後、流紋岩質マグマで９００℃前後と差があります。火山が噴火しそうなときに、そのときのマグマの二酸化ケイ素が多いかどうかは大きな関心事です。二酸化ケイ素が少なく流動性の高いマグマが、川のように噴出口から低地に流れるのと違って、二酸化ケイ素が多くて粘りけがあるマグマは、火山内部で圧力が高まり、突然爆発することがあるからです。火山の形は、マグマの流動性で変わります。マグマの流動性が高い順に、溶岩台地、楯状火山、成層火山などとなっています（図３-２）。

　日本の気象庁は、名前は「気象」ですが、「気象」のほかに地震や火山などの

「地象」、海洋や湖沼などの「水象」も扱っています。海のない国、地震のない国、火山のない国も多いのですが、仮にあっても、日本のように、一つの組織で扱っているところは少ないといえます。例えば、アメリカでは気象と海洋はアメリカ海洋気象局（NOAA: National Oceanic and Atmospheric Administration）という行政機関、地震と火山はアメリカ地質調査所（USGS）という研究機関が行っており、別組織です。地震や火山の周期は、私たち人間の生活の周期に比べて非常に長く、現象が起きると大変な被害をもたらすといっても、日本以外の国は何も変化がない期間が非常に長く、年ごとに予算をつけてその年の業務を行うという行政組織の仕事にはなじまない

溶岩台地

溶岩だけが噴火してできた大地。デカン高原や、日本では国分台に小規模の例

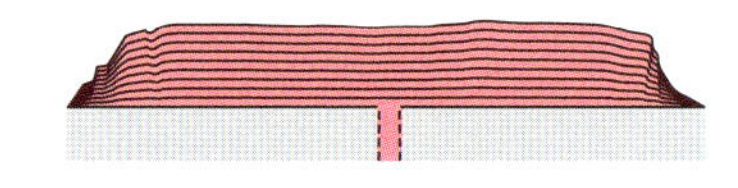

溶岩ドーム

溶岩が噴出してそのまま固まったドーム状の台地。箱根の二子山や昭和新山など

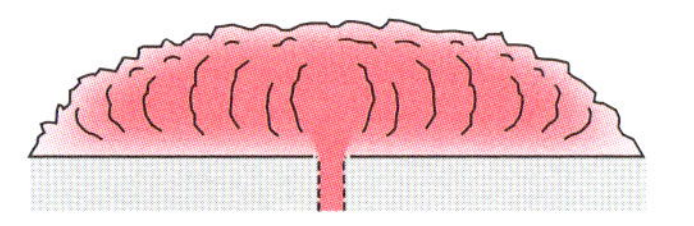

楯状火山

1959 年 10 月、キラウェア火山の噴火のときには、山のゆるい傾斜を溶岩が火の川となって流れた

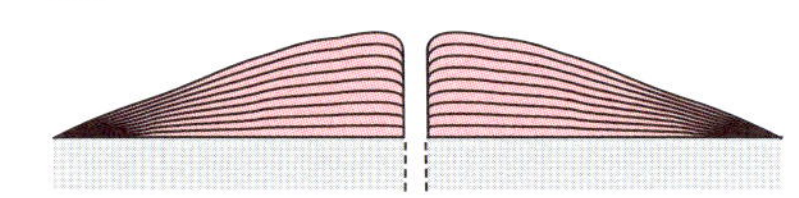

火山岩塔

溶岩が噴き出したあとの溶岩柱が特徴。明神礁や昭和新山の一部でも見られた

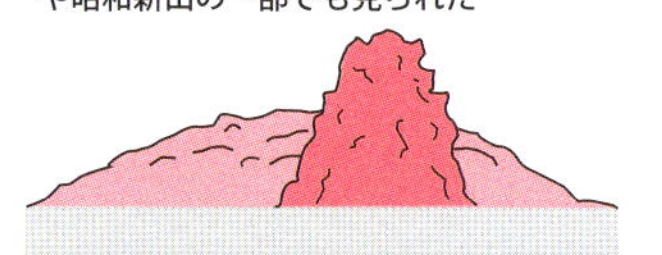

成層火山

火口を頂点に円錐形の山容。1707 年の噴火を最後に休火山となった富士山や岩木山など

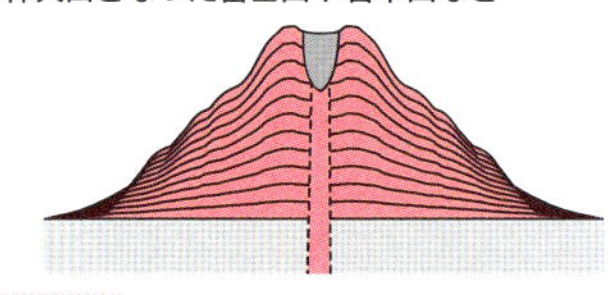

火砕丘

火山火砕屑物が堆積してできた。日本では大室山や三原山など

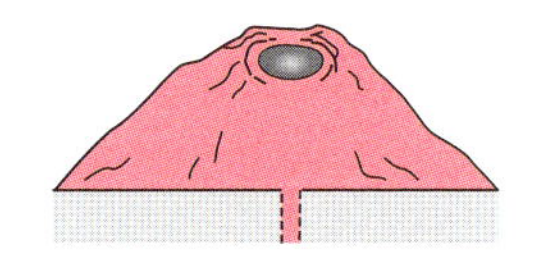

複式火山

阿蘇火山など中央火口丘の近隣には寄生火山などが群在し、火口原湖やカルデラ、外輪山などとともにある

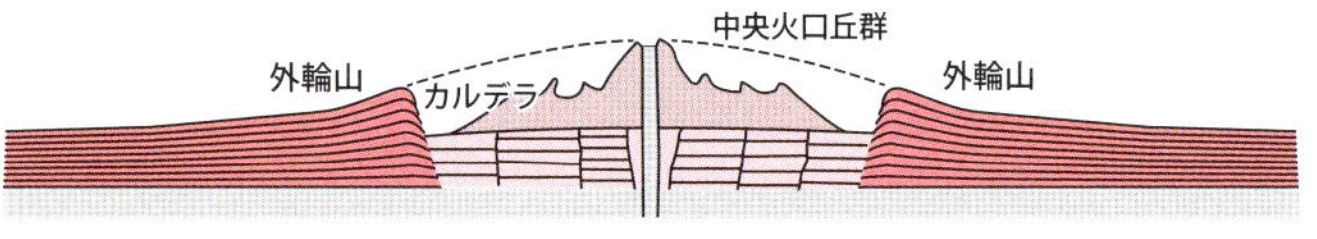

図 3-2　マグマの流動性で変わる火山の形

からです（研究対象としては興味があるテーマが多い）。ただ、日本は気象災害が毎年のようにあり、地震災害や火山災害についても毎年というわけではありませんが、数10年単位と、比較的短い周期で発生しています。そこで、気象災害を防ぐための組織を作り、これに地震や火山の監視も同時に行わせる（多くの人たちの協力を得て、その取りまとめの核となったり、緊急時には気象災害に関係する職員等を臨時に動員）ことで、地震や火山についても継続した業務が可能となっています。これはいろいろな自然災害が多い日本という国の特徴かもしれません。

日本の地震観測は、１８７５年（明治8年）６月１日に内務省地理寮がその構内で、気象および地震観測を開始したことで始まりました（地理寮気象係は後に東京気象台と呼ばれました）。この日は、気象庁の誕生日として「気象記念日」になっていますが、６月１日から観測を開始したのは地震と空中電気だけです。気象観測は6月5日になってからです。というのは、当時の気象観測は、気候値を求めることに主眼がおかれ、具体的には5日平均気温等の半旬平均の観測値でした。このため、1月1日から5日ごとに数えた32番目の半旬（6月5日～9日）からの観測開始だったからです。１８８３（明治16）年9月21日 東京気象台が、全国の地方長官に対し、地震・噴火などの異常現象を認めたときは、照会に対してその状況を報告するように依頼し、その結果を年報としてまとめていま

す。また、1888（明治21）年11月には、震災予防調査会の依頼により鹿児島測候所（後の地方気象台）にMilne式地震計を設置していますが、これが火山近傍での定常地震観測の最初です。その後、1911（明治44）年8月26日に浅間山に浅間火山観測所、1923（大正12）年1月1日に雲仙岳に温泉岳観測所（後の雲仙岳測候所）、1931（昭和6）年11月1日に阿蘇山に阿蘇火山観測所ができるなど、火山観測や予測体制が整備されていきます（表3-1）。

日本には、活火山（概ね過去1万年以内に噴火した火山及び現在活発な噴起活動のある火山）が110もあります。このうち、過去1万年の間も、過去100年の間もともに活動が高い火

表 3-1　気象庁の火山業務の沿革

年月日	内容
1875（明治 8）年 6 月 1 日	内務省地理寮構内で、気象および地震観測を開始（東京気象台）
1883（明治 16）年 9 月 21 日	東京気象台が、全国の地方長官に対し、地震・噴火などの異常現象を認めたときは、照会に対してその状況を報告するように依頼
1888（明治 21）年 11 月	震災予防調査会の依頼により鹿児島測候所に地震計設置（火山近傍での定常地震観測の最初）
1911（明治 44）年 8 月 26 日	震災予防調査会と長野測候所（後の地方気象台）が浅間火山観測所（その後軽井沢測候所に移管）設置
1923（大正 12）年 1 月 1 日	長崎測候所付属温泉岳観測所（後の雲仙岳測候所）設置
1931（昭和 6）年 11 月 1 日	熊本測候所支所阿蘇火山観測所（後の阿蘇山測候所）設置
1937（昭和 12）年 10 月 28 日	森町観測所（後の森測候所）設置
1938（昭和 13）年 10 月 1 日	大島測候所設置
1941（昭和 16）年 4 月 9 日	三宅島観測所（後の測候所）設置
1962 ～ 1966(昭和 37 ～ 41)年	火山観測施設による常時観測体制を順次構築。火山機動観測班を設置。常時観測対象 17 火山を指定
1965（昭和 40）年 1 月 1 日	火山情報の発表を正式に開始
1974（昭和 49）年 6 月 20 日	火山噴火予知連絡会発足（事務局、気象庁）
1997（平成 9）年 3 月 3 日	東京航空路火山灰情報センター（VAAC）が航空路火山灰情報の発表を開始
2001（平成 13）年 10 月 1 日	気象庁地震火山部火山課及び札幌・仙台・福岡管区気象台地震火山課に火山監視・情報センター発足
2007（平成 19）年 12 月 1 日	噴火警報・予報の運用開始（従来の緊急火山情報、臨時火山情報、火山観測情報は廃止）。火山の状況に関する解説情報の発表開始
2008（平成 20）年 3 月 31 日	降灰予報及び火山ガス予報の発表を開始
2008（平成 20）年 4 月 1 日	浅間山、伊豆大島、三宅島、阿蘇山火山防災連絡事務所を設置
2013（平成 25）年 8 月 30 日	火山現象特別警報の運用を開始。火山噴火については「噴火警報（居住地域）」を特別警報に位置づける

山が13あります（図３-３）。過去１万年の間の活動が活発であったものの過去１００年の間では活動が高くない、あるいは、過去１万年の間の活動が高くないものの過去１００年の間では活動が高い火山が36、過去１万年の間も、過去１００年の間もともに活動が低い火山が38です（北方領土や海底火山などデータ不足の火山が23）。気象庁では１１０の活火山について、表３-２の組織を作って活動状況を監視し、このうち、火山噴火予知連絡会によって「火山防災のために監視・観測体制の充実等が必要な火山」として選定された47火山については、噴火の前兆を捉えて噴火警報等を適確に発表するために、地震計、傾斜計、空振計、ＧＰＳ観測装置、遠望カメラ等の火山観測施設を整備し、関係機関（大学等研究機関や自治体・防災機関等）からのデータ提供も受け、火山活動を24時間体制で常時観測・監視しています（図３-４）。また、各センターの「火山機動観測班」が、その他の火山も含めて現地に出向いて計画的に調査観測を行い、火山活動に高まりがみられた場合には、必要に応じて現象をより詳細に把握するために機動的に観測体制を強化しています。

そして、火山活動の状況を噴火時等の危険範囲や必要な防災対

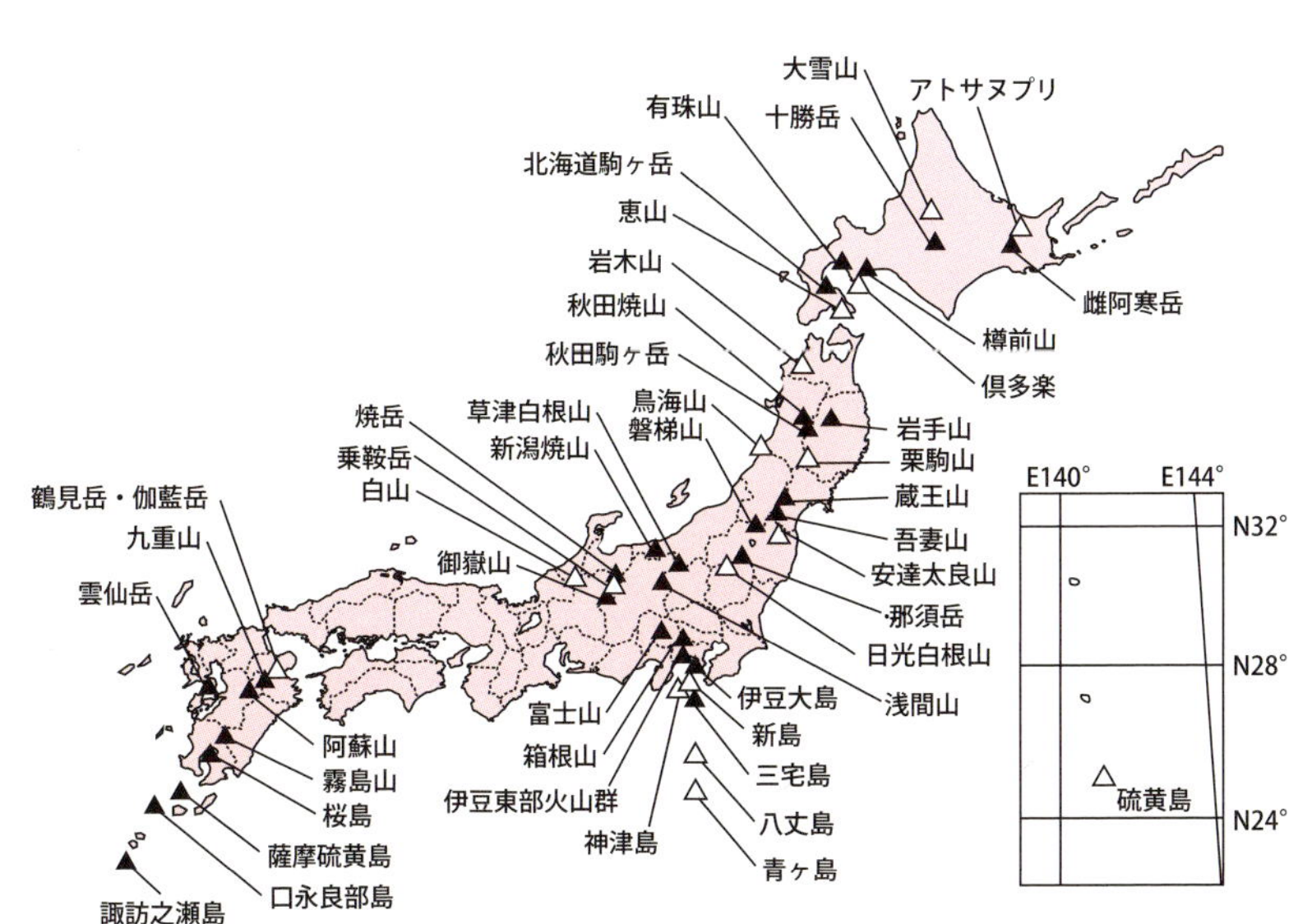

図 3-3　常時監視の 47 火山（△はレベル化が行われていない火山）

応を踏まえて、5段階の噴火警戒レベルを設定し、噴火警報、火口周辺警報、噴火予報を発表しています。各レベルには、住民や登山者・入山者等が必要な防災対応がすぐにわかるようにキーワードがついています（第4章4-2参照）。巨大地震によって地下のマグマだまりが揺さぶられたり、地殻変位が起きることで火山性の地震が増えるとされていますし、巨大地震後に火山活動が活発になることはめずらしくありませんので、巨大地震のあとは火山活動を注視します。東北地方太平洋沖地震（東日本大震災）では、地震後に日光白根山、乗鞍岳、富士山、阿蘇山など、関東から九州にかけての13の活火山における地震活動が増えていますが、噴火の前兆となる地殻変動や火山性微動は観測

表 3-2　火山監視・情報センターと火山防災連絡事務所

（火山防災連絡事務所は、平成20年4月1日から浅間山は佐久広域連合軽井沢消防署内、伊豆大島は大島町役場内、三宅島は三宅村役場臨時庁舎内、阿蘇山は阿蘇市役所北側別館内に設置し、気象庁職員が常駐して地元自治体と連携）

火山監視・情報センター	担当する火山
札幌管区気象台	北海道の火山
仙台管区気象台	東北地方の火山
気象庁本庁	関東・中部地方の火山 浅間山（軽井沢消防署に火山防災連絡事務所） 伊豆大島（大島町役場に火山防災連絡事務所） 三宅島（三宅村役場臨時庁舎に火山防災連絡事務所）
福岡管区気象台	九州の火山 阿蘇山（阿蘇市役所北側別館に火山防災連絡事務所）

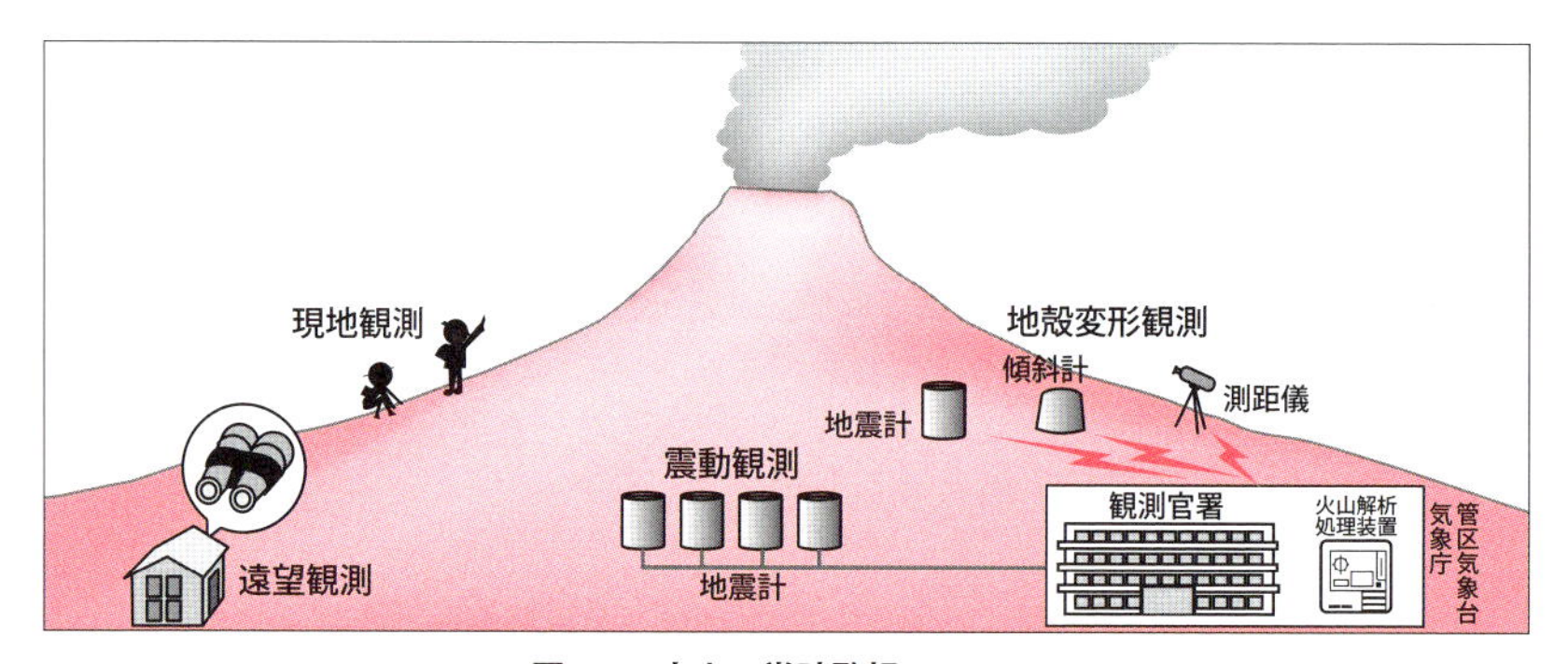

図 3-4　火山の常時監視システム

されませんでした。そして、その後、地震活動も減っています。

（２）火山の観測方法

火山の観測は、表３-３のように、いろいろな方法があります。

◎振動観測と空振観測

振動観測は、地震計により火山及びその周辺で発生する微小な火山性地震や火山性微動をとらえるものです。また、空振観測は、噴火等に伴う空気の振動を観測するもので、ともにその観測結果は、リアルタイムで火山監視・情報センターへ送られます（図３-５）。天候不良等で火山の状況を目視できない場合でも、噴火発生とその規模をいち早く検知することができます。

◎遠望観測

遠望観測は、夜間でも星明かりのようなわずかな光で見ることのできる高感度カメラ等により噴煙の高さや量、色、流れる方向や噴出物（火山灰や噴石）、火映などの発光現象、音響等を観測するものです。火山監視・情報センターでは、リアルタイムで火山近傍に設置した遠望カメラからの映像を入手し、大学等研究機関や自治体・防災機関等から提供されるデータもあわせ、連続監視をしています。

◎地殻変動観測

地殻変動観測は、傾斜計やＧＰＳ観測装置を用い、地下深部のマグマだまりの

表 3-3　火山の各種観測方法（気象庁 HP をもとに作成）

種類	概要
震動観測	地震計による火山性地震や火山性微動の観測
空振観測	空振計による空振の観測
遠望観測	高感度カメラ等により火山を遠望し、噴煙の高さ、色、噴出物（火山灰や噴石）、火映などの発光現象等の観測
地殻変動観測	GPS、傾斜計等による地殻変動の観測
熱観測	赤外熱映像装置を用いた火口周辺の地表面温度分布の観測、サーミスタ温度計を用いた噴気地帯等の地表面温度の観測
機上観測	ヘリコプターや航空機によって、上空からカメラや赤外熱映像装置を用いて、火口内の温度分布や噴煙状況、噴出物の分布の詳しい観測
火山ガス観測	火山ガスのうち二酸化硫黄は、小型紫外線スペクトロメータ（COMPUSS）を用いて測定
噴出物調査	降灰や噴出物の現地調査

膨張や収縮といったマグマの活動等に伴って生じる地盤の傾斜変化や山体の膨張・収縮を観測するものです。地殻の動きを連続的に観測することで、噴火の前兆等を予想する重要なてがかりを得ることができます（図3-6）。

◎**熱観測**

火山周辺の地表面温度分布を赤外熱映像装置を用いて観測したり、噴気地帯等の地表面温度をサーミスタ温度計を用いて観測するもので、火山の熱活動の状態を把握します。

◎**機上観測**

ヘリコプターや航空機によって、上空からカメラや赤外熱映像装置を用いて、火口内の温度分布や噴煙の状況、噴出物の分布を詳しく観測するものです。

◎**火山ガス観測**

火山地域ではマグマに溶けているさまざまな気体が放出されていますが、このうち、二酸化硫黄はマグマが浅部へ上昇するとその放出量が増加します。このた

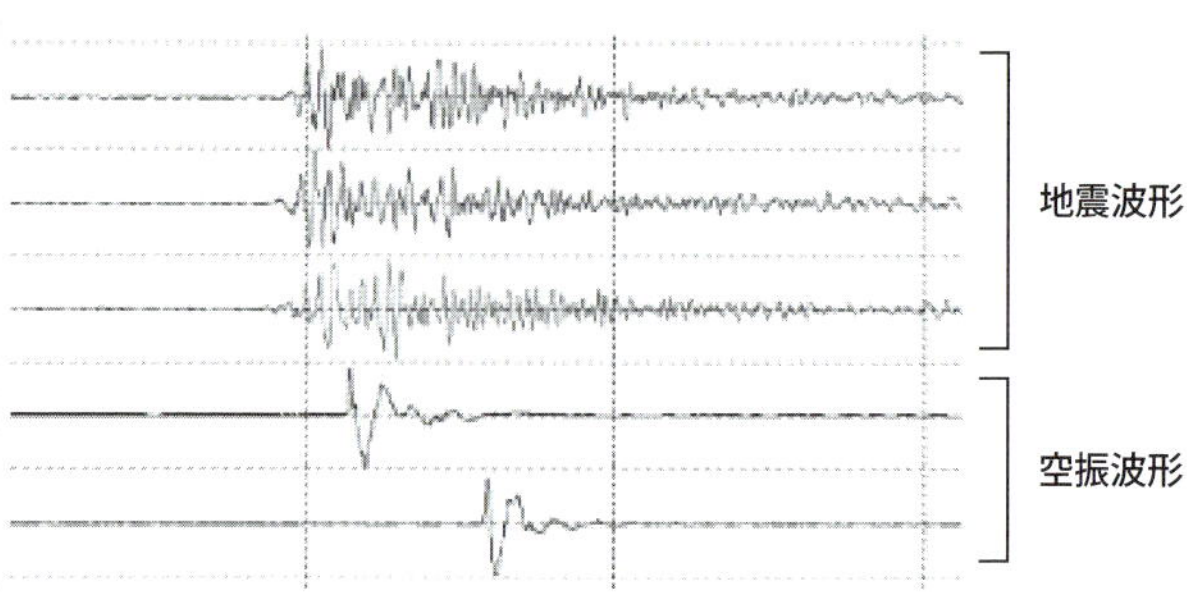

図 3-5　爆発的噴火に伴う火山性地震と空振の波形の例（桜島の場合、気象庁 HP による）

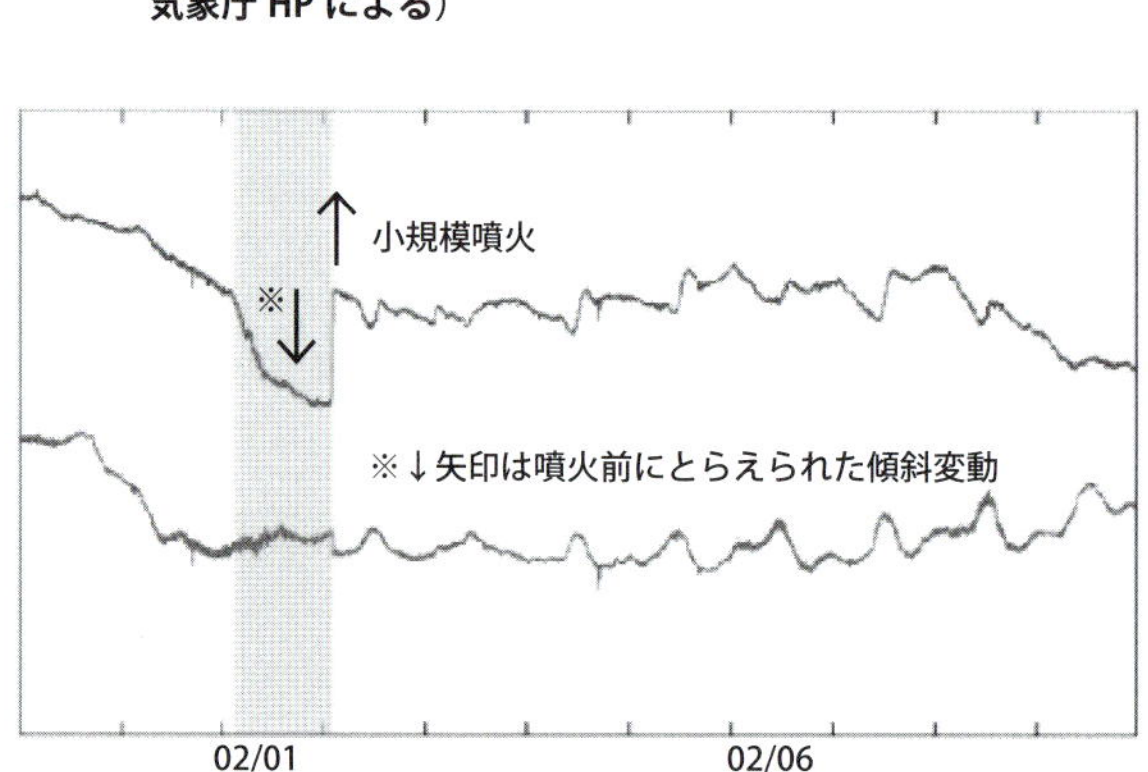

図 3-6　2009 年の浅間山噴火で観測された傾斜変動（気象庁 HP による）

め、小型紫外線スペクトロメータ（ＣＯＭＰＵＳＳ）という装置を用いて二酸化硫黄の放出量を測定します。

◎噴出物調査

噴火の規模や特徴を把握し、火山活動の評価に活用するため、降灰や噴出物の調査が必要ですが、噴火後すぐに調査を行わないと噴出物の痕跡がわかりにくくなります。このため、気象庁や大学等研究機関は協力して噴出物調査をすばやく行います。

（３）火山の精密観測は黒潮の動きまで考える

火山の溶岩に含まれる鉄などの磁性体は、冷却して固化する過程で地球磁場の影響をうけ、地球磁場を記録する方向に磁気を帯びます。しかし、この岩石等の物質の磁性は、一般的に温度の上昇に伴って減少し、物質によって異なりますが約３００～５００℃を超えると失われます（一旦磁性を失った物質が冷却されてある温度以下になると再び磁気を帯びます）。このため、マグマの貫入等により、山体内の一部で高温になるとその部分の磁性が失われ、火山周辺の異常磁場が変化するという、熱消磁と呼ぶ現象が起きます。一方、火山活動が収まって体内で冷却が始まると、その部分が磁気を帯びて（帯磁）観測されることになります。つまり、全磁力は熱消磁の場合には山体の北側で増加、南側で減少となりま

す。逆に帯磁の場合には山体の北側で減少し南側で増加の傾向を示します（図3-7）。

つまり、磁気の観測により火山内部の温度変化がわかるのですが、この磁気の観測は、いろいろな誤差を考慮して、高い精度で行います。例えば、海水は電気を通しますので、地球磁場の中で海水が動くと磁場が生じます。このため、海流が強いときと弱いときとでは、ごくわずかですが磁場が変化しています。三宅島が噴火したとき、地磁気全磁力観測で火山を監視していますが、２０１０年から11年の調査では、三宅島南部の観測地点で黒潮が接近しているときは、その分だけ全磁力が増加しているものの、北部では黒潮接近との相関が悪いという調査があります。単純ではないのですが、火山観測には黒潮の影響まで考えて行っているのです。

（４）宇宙線が噴火予知を変える？

火山内部の様子をX線写真のように透写できれば噴火予知ができるのではないかという研究が、２０１５年度に鹿児島県の桜島で本格的に始まります。東京大学地震研究所の田中宏幸教

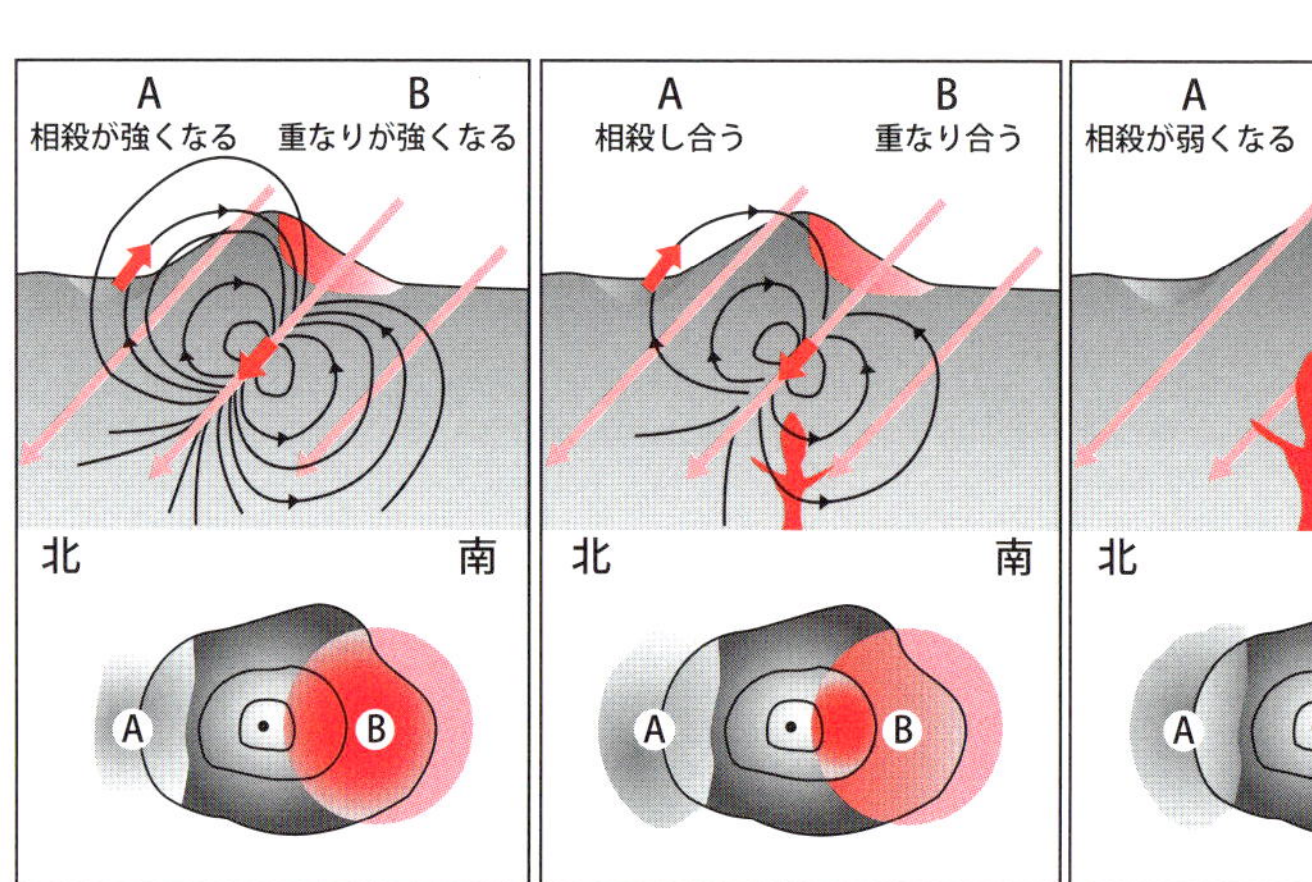

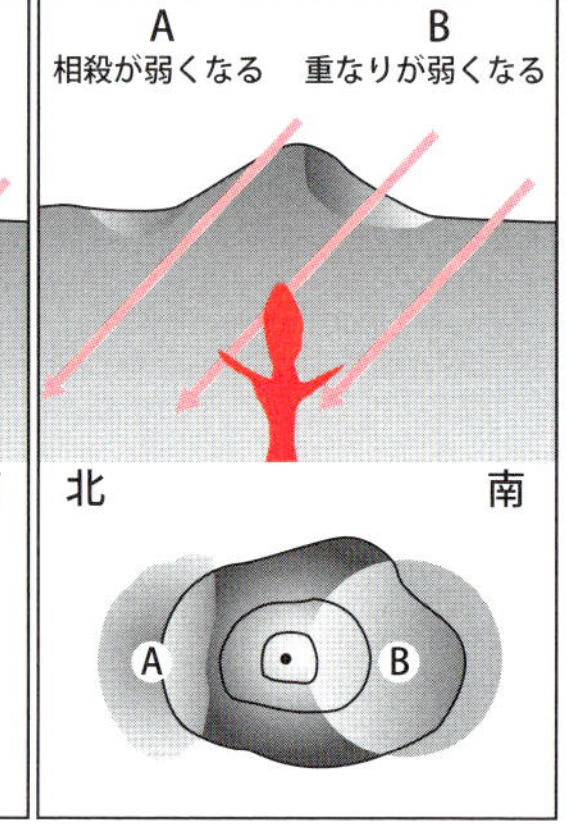

図 3-7　地球内部の温度変化と地磁気の変化（気象庁 HP の資料をもとに作成）

授らが行うミューオトモグラフィの研究で、Ｘ線のかわりに、大きな山を突き抜けることができるミュー粒子を使っています（図３-８）。ミュー粒子は、宇宙から飛来するエネルギーの高い放射線（宇宙線）が大気に衝突してできる素粒子で、電子と同じように電荷を持っていますが、質量は電子の約２００倍もあり、地表には毎秒1個のミュー粒子が降り注いでいます。ミュー粒子を加速器などで作ることもできますが、火山観測に使えるほど大規模で高エネルギーのものは宇宙起源のものです。図３-９は、田中宏幸教授が薩摩硫黄島で試行した結果で、火口から３００ｍほど下に密度が低いマグマがみえます。薩摩硫黄島のような規模の火山で、マグマが火口に近い位置まで上がっている場合は有効ですが、富士山のように山体が大きい場合は、ミュー粒子といえども山を貫通することができないので、この種の観測はできません。また、マグマが水蒸気に触れて爆発する水蒸気爆発の予知は、マグマをとらえるだけですから、水を捉えることができないこの観測では難しいという欠点があります。観測は格段にむずかしくなりますが、東京大学地震研究所の武多昭道准教授が行っているミュー粒子よりもエネルギーの強い宇宙線（電子線やガンマ線）を使うという基礎研究が進めば、地中深くの水分量がわかり、水蒸気爆発を予知する可能性が出てきます。火山内部がみえたからといって、すぐには噴火予知に使えるものではありませんが、手の骨がみえるとびっくりしたキュリー夫人から、

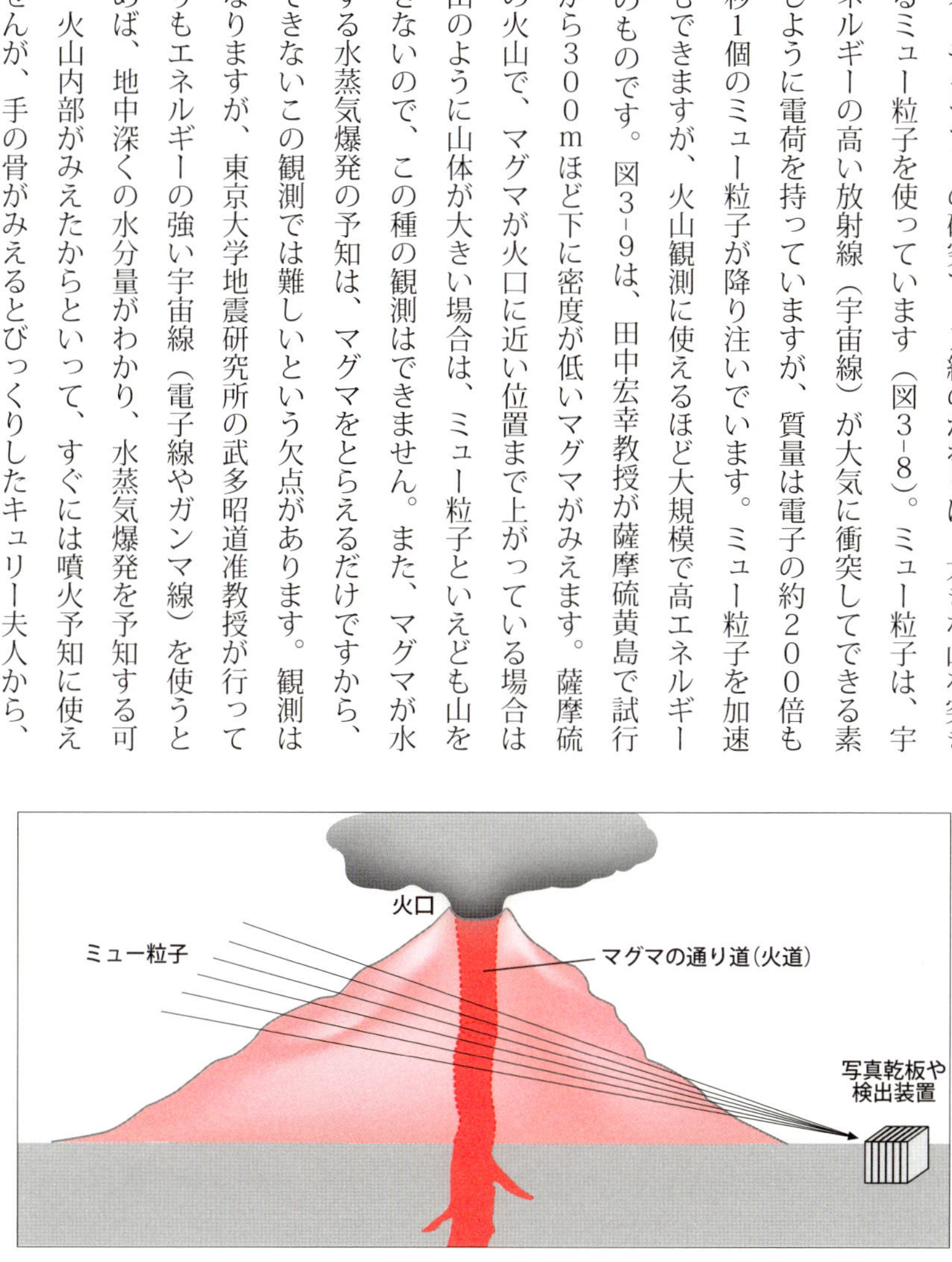

図 3-8　ミュー粒子による透視の仕組み

健康診断などでレントゲンが広く使われるようになるまで、それほど時間がかからなかったのと同じで、近い将来、ミュー粒子などを使った観測は、火山噴火予知の重要な観測になるでしょう。

3-2 江戸幕府を衰退させた浅間山と富士山

(1) 富士山の宝永噴火後に発生した災害

日本を代表する山である富士山周辺は、数百万年前から火山活動が活発でしたが、約70万年前、現在の富士山の位置に小御岳(こみたけ)火山ができ、南東にあった愛鷹山(あしたかやま)とともに二つの火山が活発に活動していました。その活動がしばらく休止したあと、約10万年前から新たな活動時期に入り、爆発的な噴火で多量の噴出物を出し、標高3000mに達する古富士火山ができています。この頃は氷河期で、夏でも2500mより上は雪が消えず、万年雪や氷河が山頂周辺の噴火によって溶け、大量の泥流を発生させたと推定されています。また、関東南部には関東ローム層と呼ばれる細かい砂質の土が広がっていますが、褐色なものは古富士山からの火山灰です。同時期に箱根山も大量の火山灰を大規模に噴出させていますが、箱根の火山灰は白っぽい火山灰で富士山の火山灰と区別がつきます。

約1万1000年前になると富士山の噴火の形態が、流動性が良く遠くまで流れる玄岩質の溶岩流出に変わり、約2000年間は断続的に大量の溶岩を流出さ

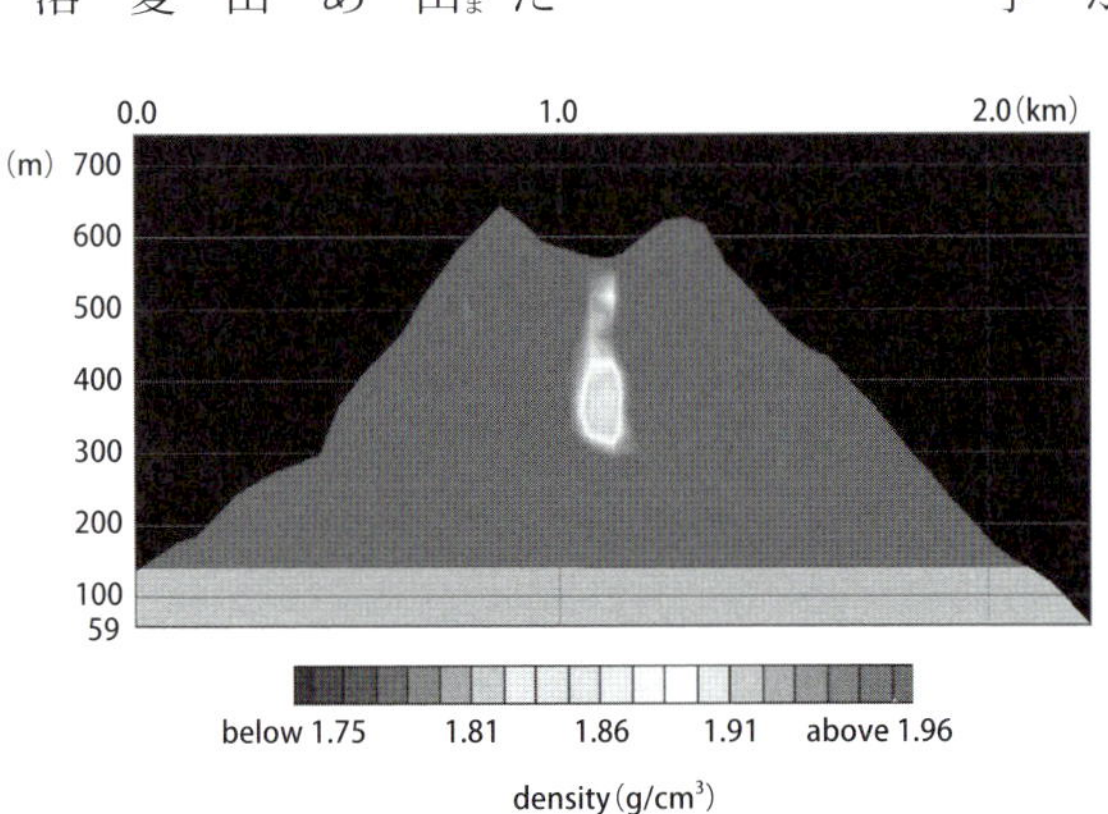

図3-9 ミュー粒子で見た薩摩硫黄島(提供:田中宏幸)

せています。この時期に噴火した溶岩は最大40㎞も流れ、南側に流下した溶岩は駿河湾に達しています。その後、約４０００年間の平穏のあと、今から約５０００年前から噴火活発となり、火山が大きくなって現在の富士山を作っています。

古文書には、７８１年（天応元年）の噴火以後16回の富士山噴火が記録されていますが、大部分は平安時代です。８０２年（延暦21年）１月８日の噴火では、相模国足柄路が一次閉鎖され、その後、筥荷(はこに)（箱根）路が迂回路として利用されています。東国への主要な道が足柄路より険しい箱根路に変わったきっかけが富士山噴火だったのです。

富士山は一つの火山のように
見えるけど、小御岳火山と
古富士山と新富士山の
三つの火山が重なって
できた山なんだね。

富士山噴火の中で、特筆すべきは、８６４年の溶岩流を中心とした貞観大噴火と１７０７年の爆発的噴火の宝永噴火（図３-10、図３-11）ですが、噴出物は両者とも玄武岩質のものです。貞観噴火のときはマグマだまりにより長時間滞留したことで、水分やガス成分が抜けたあとに新たなマグマの供給をうけて噴火したのに対し、宝永噴火のときは地下にマグマが滞留することなく上昇したため、水分やガス成分がほとんど抜けないで爆発的な噴火につながりました。

貞観大噴火は、８６４年６月から８６６年にかけての噴

火で、多量の溶岩流は青木ヶ原溶岩を形成しています（その後、この溶岩の上に森林が形成され、青木ケ原樹海となっています）。また、富士山北麓にあった「剗の海（せのうみ）」という大きな湖を埋め、残った部分が富士五湖の精進湖、西湖などを作っています。東日本大震災と同規模の貞観地震が発生したのは、貞観大噴火の5年前後のことです。『日本三代実録』の記述では、5月25日付の報告として「富士郡正三位浅間大神大山火、其勢甚熾、焼山方一二許里。光炎高二十許丈、大有声如雷、地震三度。歴十余日、火猶不滅。焦岩崩嶺、沙石如雨、煙雲鬱蒸、人不得近。大山西北、有本栖水海（みずうみ）、所焼岩石、流埋海中、遠三十許里、広三四許里、高二三許丈。火焔遂属甲斐国堺。（ここでいう1里は6町＝約650m）」とあります。

　宝永大噴火は、日本最大級の地震である宝永地震の49日後に始まり、江戸市中まで大量の火山灰を降下させています。これにより人々は火山と地震との関係を強く意識させたといわれています（図3-12）。時間

第１火口
第２火口
第３火口
宝永山

図 3-10　富士山の宝永噴火

西暦	信頼性の高い資料による噴火
800	781
800	800-802
900	864-866
900	937
1000	999
1100	1033
1100	1083
1400	1435または1436
1500	1511
1700	1707
1200, 1300, 1600, 1800, 1900, 2000	

図 3-11　富士山の噴火史（気象庁 HP の資料をもとに作成）

経過を新暦でいうと、１７０７年10月28日に宝永東海地震が発生し、12月３日に富士山中で異常な鳴動と小地震が起きています。15日午後からは富士山麓ではっきりした群発地震が発生し、夜から未明には名古屋から江戸まで地震を観測しています。16日には群発地震が続き、午前中に２回の強い地震があり、10時ころから噴火しています。昼過ぎには噴煙は江戸に達し、空は闇に包まれたといわれています。翌１７０８年１月１日未明の爆発まで16日間の噴火がありましたが、比較的短い噴火で、溶岩流や火砕流、火山泥流はなく、人々が避難したため、明確な死者は知られていません。

幕府の対策は、小田原藩大久保忠増が老中であったこともありすばやく、幕府の調査隊が小田原に到着したのは12月18日です。２月24日には小田原藩の被災地を天領（領地替え）とし、伊奈半左衛門を酒匂川治水対策担当にしています。また、２月28日に諸国高役金例（臨時税）を全国に課し、小田原藩の領民は租税免除をしています。その結果、幕府歳入の４割りもの大金を集めたといわれていますが、大半は大奥などの江戸幕府を維持するために使われ、被災地のためには1割しか使われなかったともいわれています（この間、5代将軍徳川綱吉が逝去し、家宣が6代将軍となっています）が、復興資金が用意されたことにはかわりがなく、天地返しなどが精力的に行われ、農

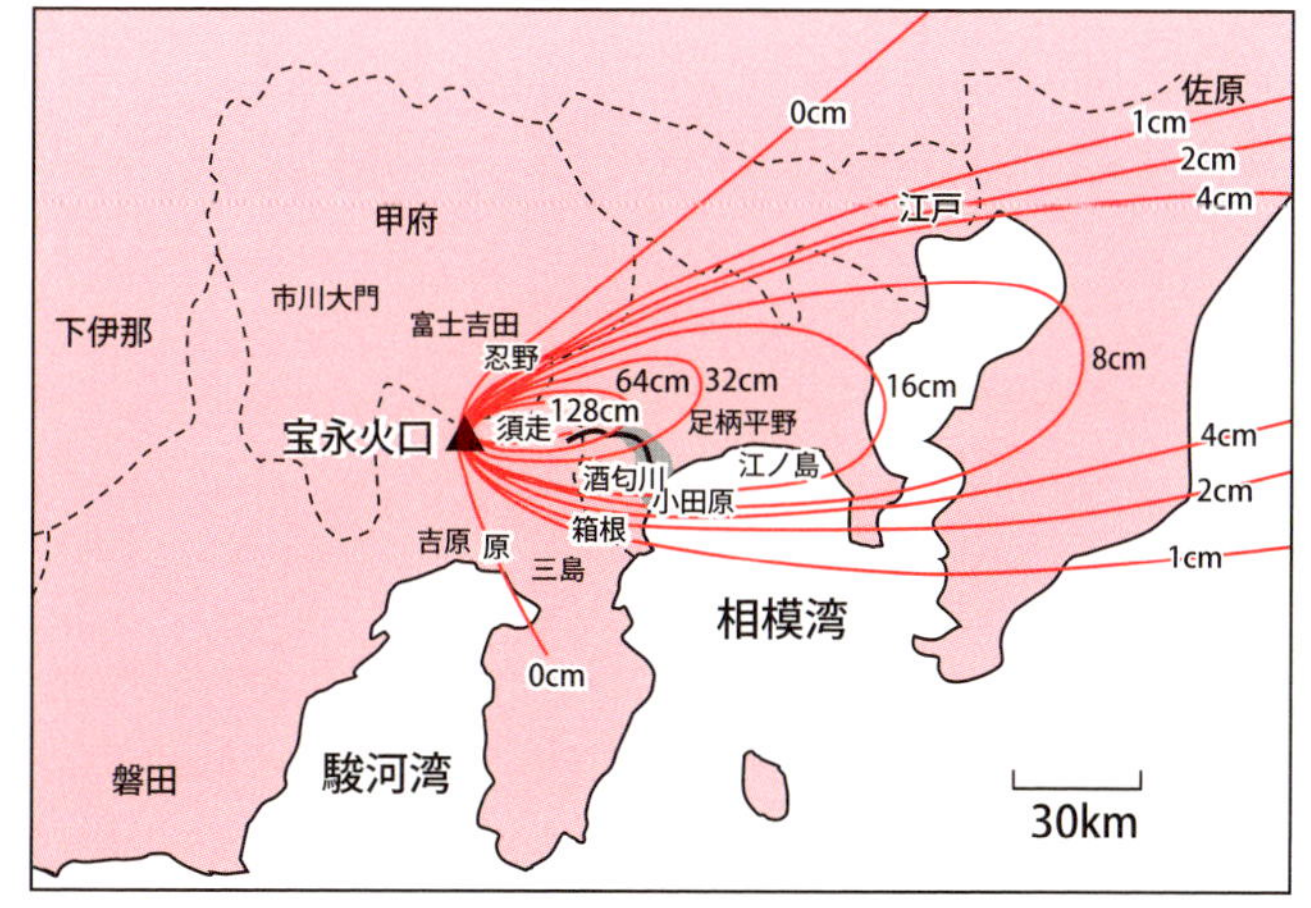

図 3-12　宝永噴火に関連する地名と降灰

地が回復しています（図3-13）。1716年（正徳6）に半分が復興をとげ天領から小田原藩へ戻され、1747年（延享4）に残りの多くが復帰していますが、大御神村（おおみかむら、現小山町の一部）は天領のまま明治維新を迎えています。

足柄平野は、噴火という一次災害で死者は出ませんでしたが、洪水という100年にわたる二次災害で多数の犠牲者が出ています。1708年8月8日には大雨で酒匂川が決壊し、足柄平野西部に大被害が発生し、その後も、洪水被害が続いています（図3-14）。

宝永の大噴火以降、現在まで、富士山は大規模な火山活動がありませんが、明治初期から大正の終わりにかけ、噴気が出ている場所があるなど、火山であるという兆候が出ている時期があります。そのため気象庁では、地震計、傾斜計、空振計、GPS、遠望カメラを設置し、関係機関の協力の下、富士山の火山活動の

①　A：火山灰　B：農地

②

③

④

図 3-13　天地返し（火山灰を遠くに運ぶことなく農地を回復）

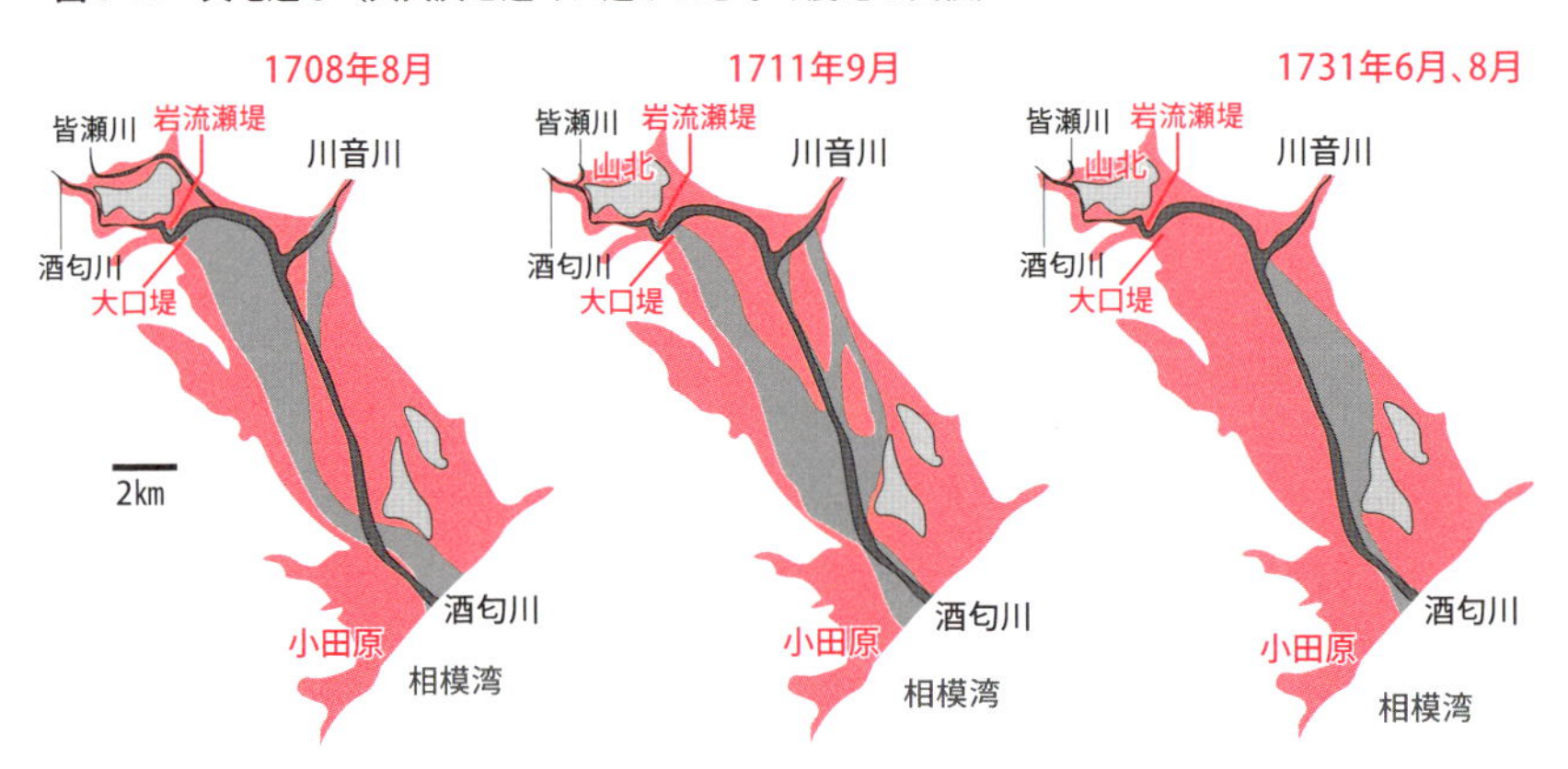

図 3-14　宝永噴火後の足柄平野を襲った代表的な洪水

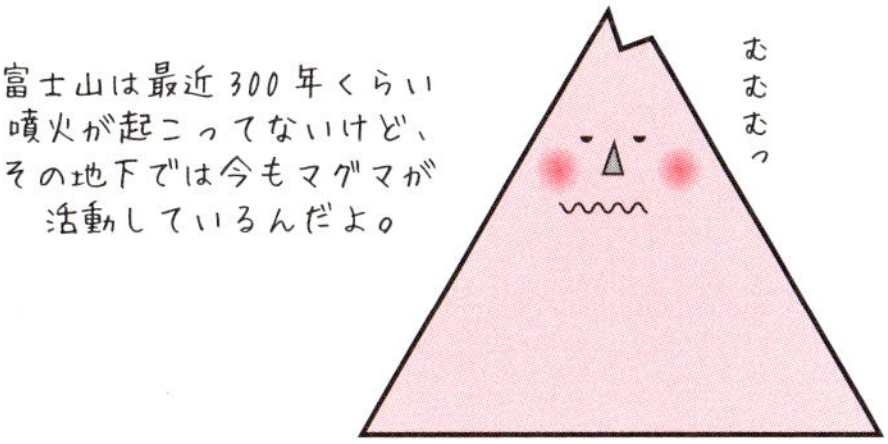

監視・観測を行っています（図3-15）。

富士山は最近300年くらい噴火が起こってないけど、その地下では今もマグマが活動しているんだよ。

むむむっ

（2）江戸幕府を衰退させた浅間山

長野県と群馬県の境にある安山岩質の複合火山である浅間山（あさまやま）は、世界でも有数の活火山です（図3-16）。数10万年前から浅間山周辺では火山活動が活発で、噴火と山体崩壊を繰り返しています。山頂火口からは噴煙が上がり、その周りには複合のカルデラがあり、内側の外輪山の西側に前掛山があります。いろいろな噴火形態をへてきた浅間山ですが、約1万年前からは前掛山が活動を開始し、山頂部の釜山（かまやま）とともに、現在も活動中です。これまでに10回余りの大規模な噴火と中小規模噴火を繰り返してきましたが、有史以降の活動はすべて山頂噴火です。釜山の山頂火口（長径東西５００m、短径南北４４０m）内の火口底の深さは、火山の活動によって大きく変わります。

１１０８年（嘉承3年、天仁元年）には大規模な天仁噴火が前掛山で発生し、上野国一帯に噴出物が降り積もり、農作物に壊滅的な被害が出ています（火山爆

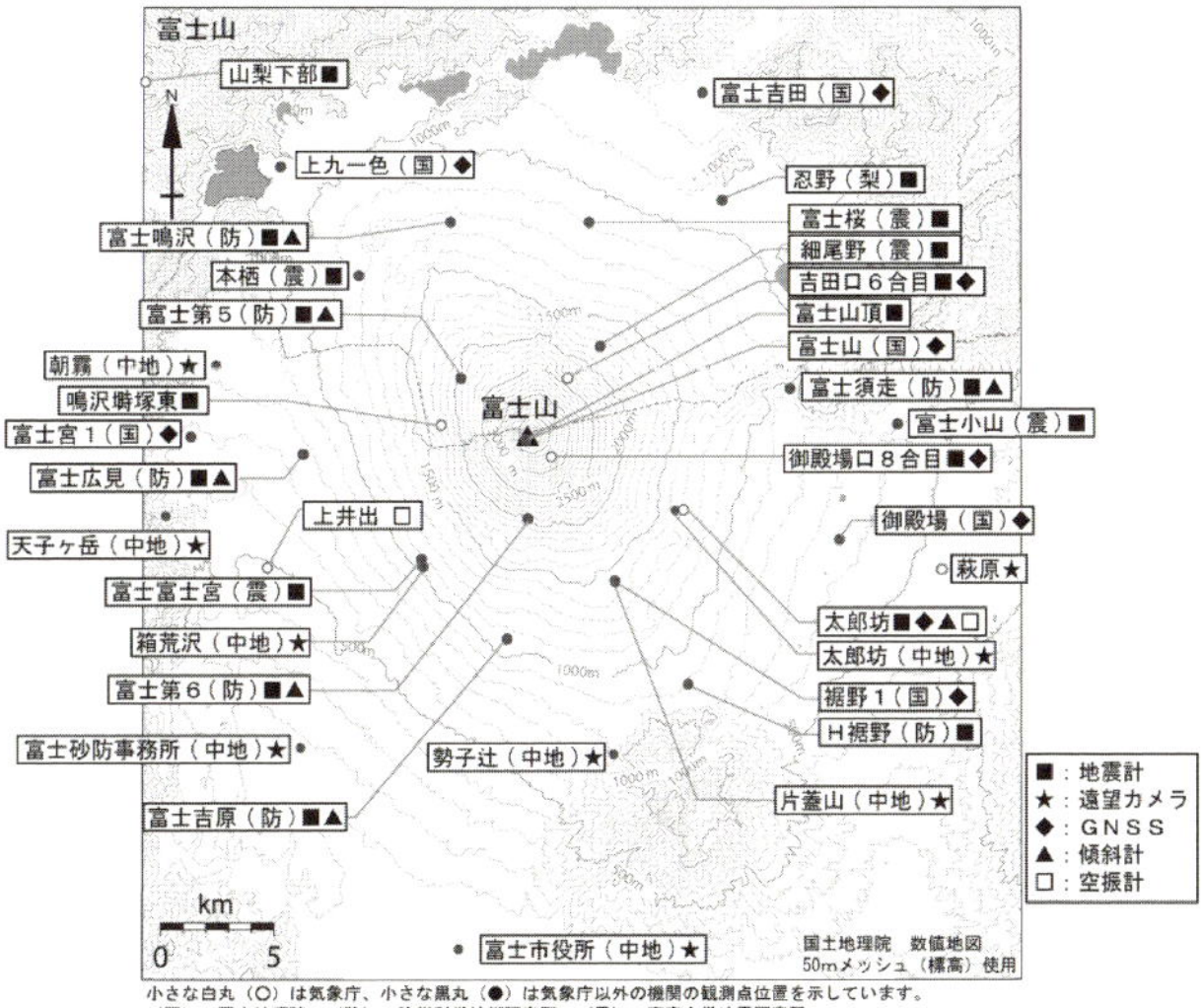

小さな白丸（○）は気象庁、小さな黒丸（●）は気象庁以外の機関の観測点位置を示しています。
（国）：国土地理院、（防）：防災科学技術研究所、（震）：東京大学地震研究所、
（中地）：中部地方整備局、（梨）：山梨県

図3-15　富士山の観測点配置図（気象庁HPより）

発指数4）。復興のために開発した田畑は、豪族によって私領化し、さらに荘園へと発展していきます。この噴火がきっかけで、上野国の荘園化が進んだのです。また、長野県側では火砕流（追分火砕流）が約15㎞駆け下ています。また、1721年（享保6年）の噴火は、火山爆発指数1でしたが、火砕物が降下し、噴石のため登山者15名が死亡しています。

1783年8月5日（天明3年7月8日）の大噴火は、「天明噴火」と呼ばれる火山爆発指数4の噴火です。最初は1ケ月ごとの噴火でしたが、6月27日からは噴火や爆発を毎日繰り返すようになり、日を追うごとに間隔が短くなると共に激しさも増していきます。そして、7月6日から3日間に渡る噴火が起きています。最初に北東および北西方向に吾妻火砕流が発生しています。また、約3ケ月続いた噴火によって山腹に堆積していた大量の噴出物が、大規模な土石雪崩となって北側へ高速で押し寄せ、嬬恋（つまごい）村鎌原地域と長野原町の一部を壊滅させ、さらに吾妻川に流れ込んでいます。このため、群馬県内で1400人以上（全体では1624人）、被害は流失家屋 1151戸という大洪水を引き起こし、多くの遺体が利根川の下流域と江戸川に流れ着いたといわれています。また、吾妻川は本流となる利根川へ浅間山の火山灰を運んだことから利根川の川底が高くなり、利根川はそれまでに比べて洪水が起きやすい河川となり、天明3年の水害や天明6年の水害など、たびたび大水害が発生するようになります。このことが江戸幕府

図 3-16　浅間山全景（北東側上空から、釜山火口（中央上）、鬼押出溶岩（中央手前及び右下）、黒斑山（右奥）、2010 年 11 月 2 日気象庁撮影）（気象庁 HP より）

を衰退させ、明治維新の遠因という人もいます。天明３年の噴火は、最後に「鬼押出し溶岩」が北側に流下し、収束に向かっています。東北地方で約10万人の死者を出した天明の大飢饉が起き始めている中での天明の大噴火です。浅間山が原因で飢饉が起こったのではありませんが、天明の噴火により、飢饉の深刻度が増したと考えられています。

天明噴火以降、小規模な噴火が４年に１回位の割合で発生しており、１９４７年（昭和22年）の噴火は、火山爆発指数１でしたが、火砕物が降下し、噴石のため登山者11名が死亡しています。火口付近の小規模な噴火は前兆現象が少ないため、登山者が巻き込まれる災害がときどき発生しています。

気象庁では、地震計、傾斜計、空振計、ＧＰＳ、光波距離計、遠望カメラを設置し、関係機関の協力の下、浅間山の火山活動の監視・観測を行っています。その他、関係機関の協力の下、二酸化硫黄の放出量観測、火口内温度の測定も定期的に実施しています（図３-17、図３-18）。

3-3 近年災害をもたらした火山

（1）短期間で観光を復活させた有珠山噴火

北海道南部の洞爺湖（とうやこ）の南に位置する有珠山（うすざん）は、標高７３７ｍの活火山で、周辺地域が洞爺湖有珠山ジオパークとして「日本ジオパーク」・「世界ジオパーク」に

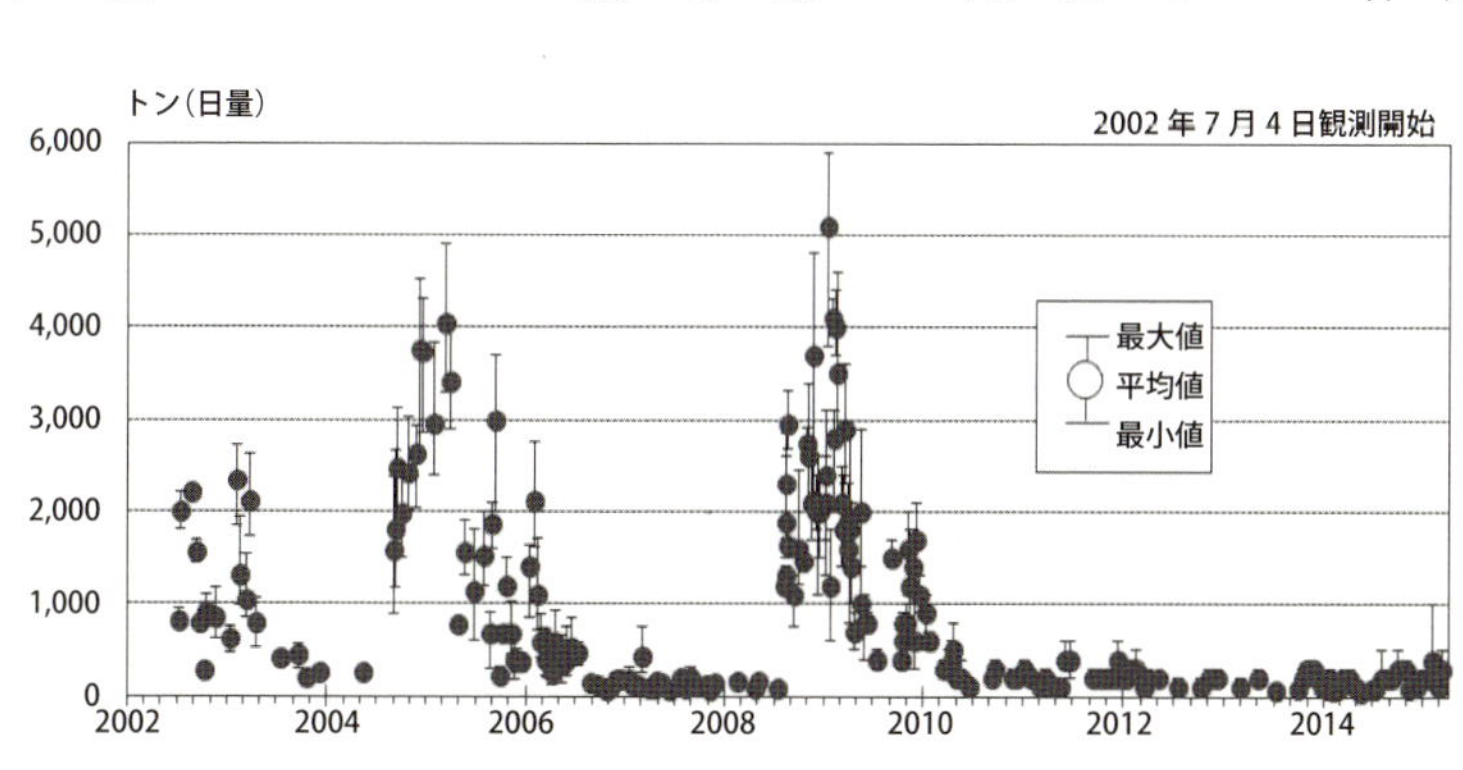

図 3-17　浅間山の火山ガス放出量（気象庁 HP より）

認定されています。約2万年前に洞爺湖を形づくる「洞爺カルデラ」の南部に形成されています（図3-19）。その後、噴火を繰り返して成層火山となりましたが、約7千年前に山頂部が爆発。その際に山体崩壊して陥没地形を作るとともに、南側に岩屑雪崩（善光寺岩屑雪崩）が流下し、内浦湾（噴火湾）に達して複雑な海岸線を作っています。直径約1・8㎞の外輪山の中に大有珠、小有珠などの溶岩円頂丘や、有珠新山（669m）などの潜在円頂丘が形成されています。また山麓にも溶岩円頂丘の昭和新山や、潜在円頂丘の四十三山（明治新山）などがあります。約7千年前の山体崩壊後、長く活動を休止していましたが、1663年（寛文3年）の噴火以降、噴火活動を再開しています。有珠山は噴火に伴って溶岩ドームや潜在ドームによる新山を形成すること、噴火前には地殻変動や群発地震が発生するという特徴があります。これは、二酸化ケイ素（SiO_2）を多く含んだ粘性の高いマグマによるもので、噴火を繰り返す周期が短く、かつ一定であることから、比較的「噴火予知のしやすい火山」であるとされています。

1663年の噴火は、有史以来最大規模の噴火で、松前藩が江戸幕府に提出した報告書『松前志摩在所山焼申儀注進之事』によれば寛文3年7月11日から13日

小さな白丸（○）は気象庁、小さな黒丸（●）は気象庁以外の機関の観測点位置を示しています。

（国）：国土地理院、（防）：防災科学技術研究所、（震）：東京大学地震研究所、

（関地）：関東地方整備局、（長）：長野県

図 3-18　浅間山の観測点配置図（気象庁 HP より）

（注）マグマの一部が引き伸ばされてできたもので、ハワイの火山の女神・ペレーから『ペレーの毛』と呼ばれています。

（旧歴）まで微震が続いたのち、14日の明け方より山頂カルデラで噴火を開始し、膨大な量の焼石や火山灰を噴出したとなっています。この噴火の噴出物は膨大な量で、現在の壮瞥町で３ｍ、白老町では１ｍの厚さに積もったほか、津軽の弘前では鳴動に続き空が暗くなって長さ３、４寸の毛（注）が雪のように降ってきたといいます。また、噴火の鳴動は東北の庄内地方にまで伝わったといわれています。

１７６９年（明和６年）旧暦12月、有珠山の約１００年ぶりの噴火では、「一面に火が降り、タバ風（北西の風）でオサルベツ（長流川）沿いの家がすべて焼失した」との証言の記録が残っていることから、明和噴火時に小規模な火砕流が発生したと推測されています。小有珠にあたる溶岩ドームが形成されたのは、この明和噴火か、その前の寛文噴火のときと考えられています。

有珠山の噴火史上、最大の人的被害をもたらした噴火が１８２２年（文政５年）旧暦閏１月の噴火です。16日より有感地震が発生し、その頻度が増え、19日は半日で１００回もの有感地震ののち、20時ごろから噴火が始まりました。シラオイ（現在の白老町）でも茶碗大の焼石が降り、モロラン（現在の室蘭市）では火山灰が３寸の厚さに積もっています。２月１日早朝、大噴火と共に火砕流が発生し、火砕流は外輪山を超えて有珠山南西山麓を襲っています。この場所は、和人とアイヌの交易場所であるアブタコタンがあり、多くの人が住んでいました

図 3-19　有珠山全景（南側上空から 2012 年 3 月 16 日気象庁撮影）（気象庁 HP より）

が、記録によって差がありますが、50人以上が死亡し、蝦夷地随一の馬産牧場でも飼育馬の約6割の1430頭を失う被害を受けています。文政噴火の結果としてアブタコタンは廃村となっていますが、虻田のアイヌ民族の昔話に、文政噴火を題材としたものがあります。「噴火の時、村民はみな他所に避難したが、村長だけは祭壇の前で祈り続けていた。やがて噴火が収まり、避難していた者がコタンにもどってきて見ると、村長がそのままの姿で祭壇の前に座っていた。驚いた村人が村長の肩に手をかけると、そのまま崩れて無くなってしまった。祈る姿のまま、焼かれて灰になっていた」。

1853年（嘉永6年）は、旧暦3月6日から鳴動が始まり、15日に大噴火し、22日に東部から再度噴火しています。大規模な火砕流が発生しましたが、文政噴火の経験者が多くいましたので、すばやい避難で難を逃れています。火砕流も当時集落のなかった洞爺湖方向へ流下しました。このときの噴火は27日に終息し、翌日からは山頂に溶岩ドームが成長し始めました。これが大有珠です。

1910年（明治43年）7月25日に北西麓の金比羅山（こんぴらさん）で始まった噴火は、マグマが洞爺湖付近の地下水と遭遇して水蒸気爆発を起こしたもので、一部の火口からは熱泥流が発生して、これに巻き込まれた1人が死亡しました。北麓では最大約150m隆起して新たな山ができました。明治43年にちなんで四十三山（よそみやま）、あるいは、明治新山と呼ばれる山です。このときの噴火活動により、火口に近い洞爺湖岸では温泉が湧出するようになりましたが、これが洞爺湖温泉の始まりです。

有珠山東麓では太平洋戦争中の１９４３年（昭和18年）末から地震が続き、１９４４年６月23日についに水蒸気爆発が発生し、その後も爆発を繰り返しています（降灰による窒息で幼児１名が死亡）。もとは標高１００ｍあまりの台地でしたが、潜在ドームの形成により２５０ｍほどの山となり、11月中旬になると火口から溶岩ドームがあらわれ始めました。この潜在ドームと溶岩ドームは翌年９月まで成長を続け、標高は４００ｍを超えました。この新山は地質学者の田中館秀三（１８８４-１９５１）により昭和新山と名付けられました。

１９７７年（昭和52年）の噴火では、８月６日から有感群発地震が発生し、その前兆の地震から８月７日９時12分に山頂カルデラや小有珠斜面から噴火が始まっています。８月14日未明までに４回の大きな噴火を含む16回の噴火が断続し、噴煙の高さは最高１２０００ｍまで上っています。火口周辺地域には多量の軽石や火山灰が堆積し、家屋を破壊しています。特に、８月８日の豪雨のさなかの噴火は、噴出した火山灰が雨を含んでセメント状になって森林地帯を襲い、樹木は重圧に耐えかねて壊滅しました。また、火口原にあった牧場も消滅し、火山灰に雨が降り注ぐことで泥流が頻発し、１９７８年８月23日には死者２名、行方不明者１名という被害が出ています。このときにできたのが「有珠新山」です。

この有珠山では、２０００年（平成12年）３月27日からの火山性地震が発生し、その分析などから近日中の噴火が予知され、３月29日には室蘭地方気象台から緊急火山情報第１号が発表されています（図３-20）。これを受けて壮瞥町・虻田町（当時）・伊達市の周辺３市町では危険地域に住む１万人余りの避難を開始しています（噴火後に避難者数は最大約１万６千人まで拡大しました）。通常、緊急火山情報は人命に関わるような噴火が発生したことを知らせるものであり、噴火前にこれが発表されたのは初めての例です。

緊急火山情報が発表されたあと、３月31日午後１時７分、国道２３０号のすぐ横の西山山麓からマグマ水蒸気爆発し、噴煙は火口上３５００ｍに達しました。災害発生直後に大臣等の責任者が視察するということが多いのですが、このときは、大災害の発生が危惧され、二階俊博運輸大臣と山本孝二気象庁長官が現地で陣頭指揮をとっている最中の噴火でした（大臣と長官は、噴火の瞬間をヘリコプ

緊急火山情報
第１号

平成 12 年 3 月 29 日 11 時 10 分
室蘭地方気象台 発表

火山名　有珠山

有珠山の火山活動について、火山噴火予知連絡会拡大幹事会から次の見解が発表されました。

　有珠山の地震活動が、急速に活発化している。昨日 28 日、横這い状態であった地震回数は、本日 29 日に入り時間を追って増加している。現地有感と思われる振幅の大きな地震も昨日は 1 時間数回であったが、本日に入り 1 時間に 15 回程度に増加している。これまでに発生した地震の最大は、29 日 9 時 42 分の M3.5（暫定）であった。低周波地震も増加傾向にあり 29 日 7 時台には 7 回発生するなど、28 日 16 時頃から 29 日 10 時までに 23 回発生している。
　地震は、引き続き北西山腹を中心に発生している。

以上のことから、今後数日以内に噴火が発生する可能性が高くなっており、火山活動に対する警戒を強める必要がある。

図 3-20　有珠山に対する緊急火山情報第１号（平成 12 年 3 月 29 日 11 時 10 分室蘭地方気象台発表）

ターの中から目撃しました）。４月１日には北海道洞爺村洞爺湖温泉街に近い有珠山麓に新しく口を開いた噴火口から、黒い噴煙が立ち上りました。噴火直後より、内閣安全保障・危機管理室からの要請で札幌行の特急列車の運行を打ち切り、その列車を洞爺駅へ回送させ、これを虻田・豊浦町民を長万部町へ移送する等の避難列車としています。有珠山の噴火の周期が短いということは、被害地域の住民の多くは前回、前々回の噴火を経験した、あるいは年長者から伝え聞いたことのある人が多いことに通じます。また、近い将来発生するということから周辺市町のハザードマップの作成が行われ、防災教育や防災訓練が実感をもって行われていました。

２００８年７月７日から９日まで、第34回主要国首脳会議（サミット）が洞爺湖町で開催されています。福田康夫内閣総理大臣、サルコジ仏大統領、ジョージ・ブッシュ米大統領、ブラウン英首相など世界の要人が集まる会議を洞爺湖町で開催できたのは、防災対応で被害が最小限に抑えられ、すばやい復興があったことを背景に、日本の防災力をアピールする狙いもあったとの見方があります。

気象庁では、地震計、傾斜計、空振計、ＧＮＳＳ、遠望カメラを設置し、関係機関協力の下、有珠山の火山活動の監視・観測を行っています（図３-21）。

（注）噴火直前北海道大学有珠火山観測所（岡田弘地震火山研究観測センター教授）では、今後１４４時間以内に噴火すると予告していますが、噴火はその予告から１４３時間後でした。

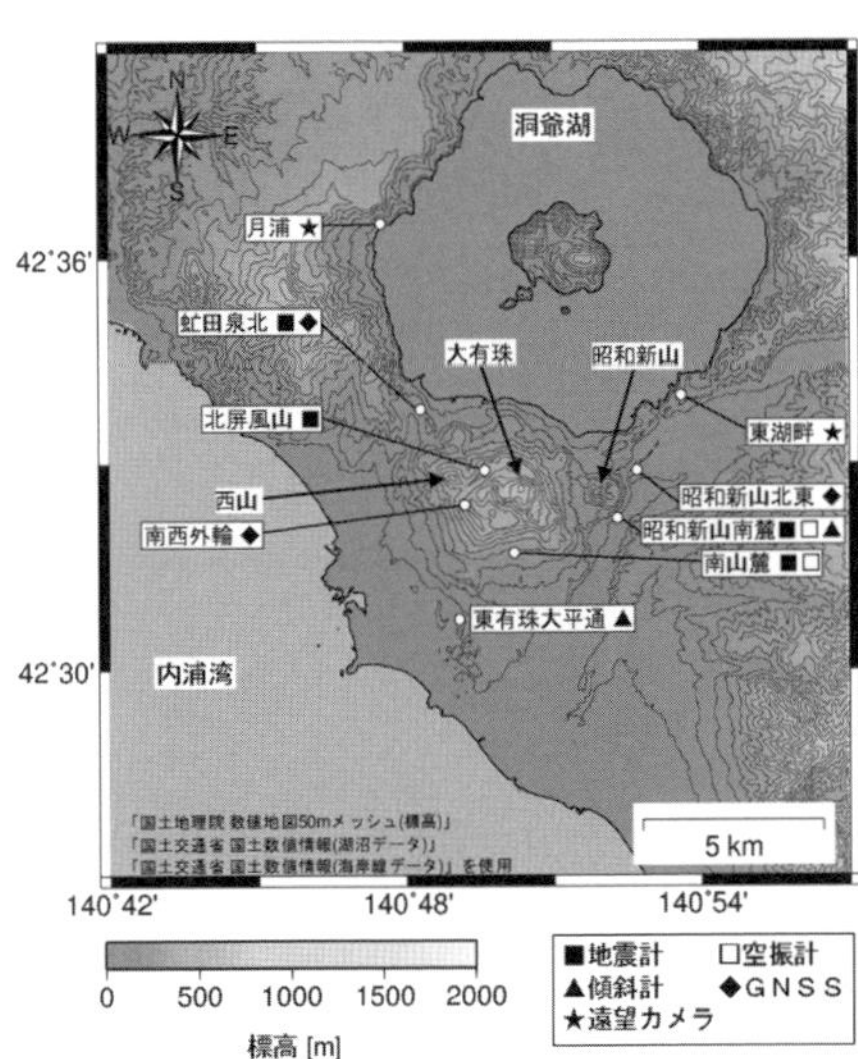

図 3-21　有珠山の観測点配置図（気象庁 HP より）

（2）全島民1万人が島外避難した伊豆大島

伊豆諸島北部に位置する伊豆諸島最大の島（ほぼ南北15km、東西９km）である伊豆大島は、本州（伊豆半島）から約25km沖合に位置しています。頂上部に直径が3～4・5kmのカルデラがあり、その中に中央火口である三原山があります。カルデラは東方に開いています。大島火山は、4～5万年前から活動を始め、約1700年前に山頂部で大規模な水蒸気爆発が発生し、陥没してカルデラを形成しました。このときには低温の火砕流が発生し、ほぼ全島を覆いました。また、約1500年前にも大規模な噴火が起こり、山頂部に相接して複数のカルデラが生じたと考えられています。その後の噴火は、溶岩が、カルデラの底を埋積しながら北東方向に流下しています。最後の大規模噴火は1777年8月末から1778年の「安永の噴火」で、大規模噴火のときには火山灰の放出が長期間（10年程度）続いたと考えられています。激しい噴火は1778年4月19日から始まり、降下スコリアが厚く堆積し、北東方向に溶岩の流出が起こっています。また、同年10月中旬ごろから再び噴火が激しくなり、11月に溶岩流が三原山南西方向にカルデラを超えて流れ下ったほか、やや遅れて北東方向にも流れています。そして1783年から1792年まで大量の火山灰を噴出する活動が始まり、火山灰の厚さは中腹で1m以上に達して、人家、家畜、農作物に大打撃を与えました。中規模噴火は、近年では1912、1950年、1986年と36～38年間隔で発生していますし、その中規模噴火の間に20回以上の小規模噴火があり、1957年の噴火では、火口近くの観光客が噴火に巻き込まれ1名死亡、53名が重軽傷を負っています。

1552～1974年の噴火は三原山火口か、その周辺のカルデラ底で発生し、溶岩がカルデラの外に流れ出て住民が住む地域を襲いませんでした。それ以前のカルデラの外の噴火は、いずれも北北西から南南東方向の割れ目に沿って発生しており、伊豆大島が北北西―南南東方向に延びた形をしているのもそのためです。しかし、1986年噴火では、溶岩がカルデラの外に流出する事態となり、伊豆大島の全島民1万人が1日で島外避難という緊急事態になりました（図3-22）。1986年11月15日に三原山火口壁から噴火（1986A火口）が開始し、19日には三原山山腹を溶岩が流れ下り、カルデラ床に達していますが、20日には三原山火口からの溶岩の噴出はほぼ終わり、噴火は爆発的になっています。21日になるとこんどはカルデラ北部から割れ目噴火（1986B火口）が始まり、溶岩が1000mも吹上がり、溶岩流がカルデラ外に流出しています。また、噴煙の高さは1万mを超えて、島内東部に大量に火山砕石物を降下させています。続いて三原山山頂の1986A火口も噴火を再開し、カルデラ外山腹（1986C火口）でも噴火が始まり、溶岩流が人口密集地の元町に向けて流下し始

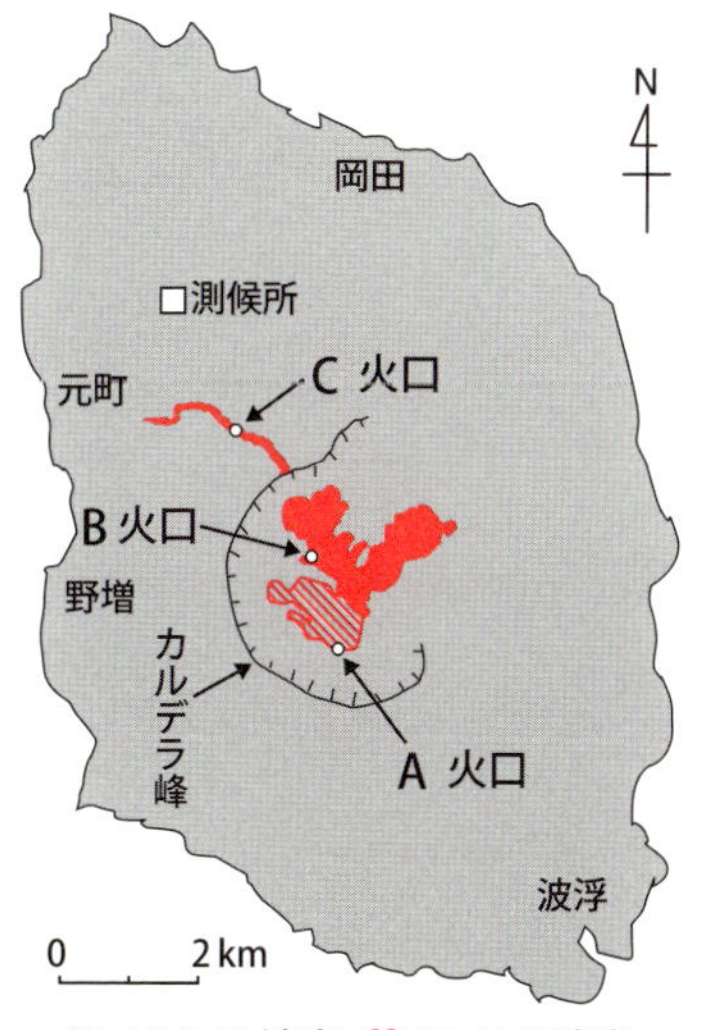

図 3-22　1986 年の伊豆大島噴火

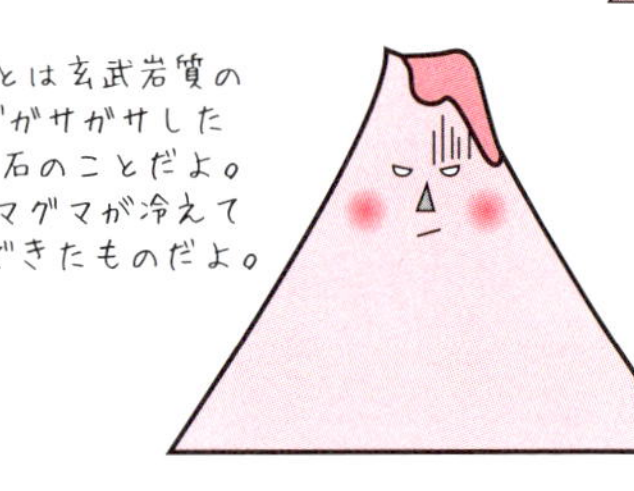

めました。島内の北部から西部の住民は島内南部へ避難を始めましたが、地震活動が島南東部に移動し、南部でも開口割れ目が発見されたため、最終的に住民全員の島外避難が行われました。伊豆半島に近いとはいえ、たった1日で島内の住人1万人の避難を完了させたということは、日本人の防災意識の高さを世界中に驚嘆させました。その後、割れ目噴火が沈静化したため、住民は約1ヶ月後に帰島することができました。

気象庁では、地震計、傾斜計、空振計、GPS、光波距離計、遠望カメラを設置し、関係機関の協力の下、伊豆大島の火山活動の監視・観測を行っています（図3-23）。

(3) 大量の火山ガスが放出された三宅島

伊豆大島の南57kmに位置する三宅島は、直径8kmのほぼ円形の玄武岩〜安山岩でなる成層火山です（図3-24）。三宅島の中央部には直径約3・5kmの桑木平（くわのきたいら）カルデラがあり、その内側に2400年前に形成した直径約1・6km八丁平（はっちょうだいら）カル

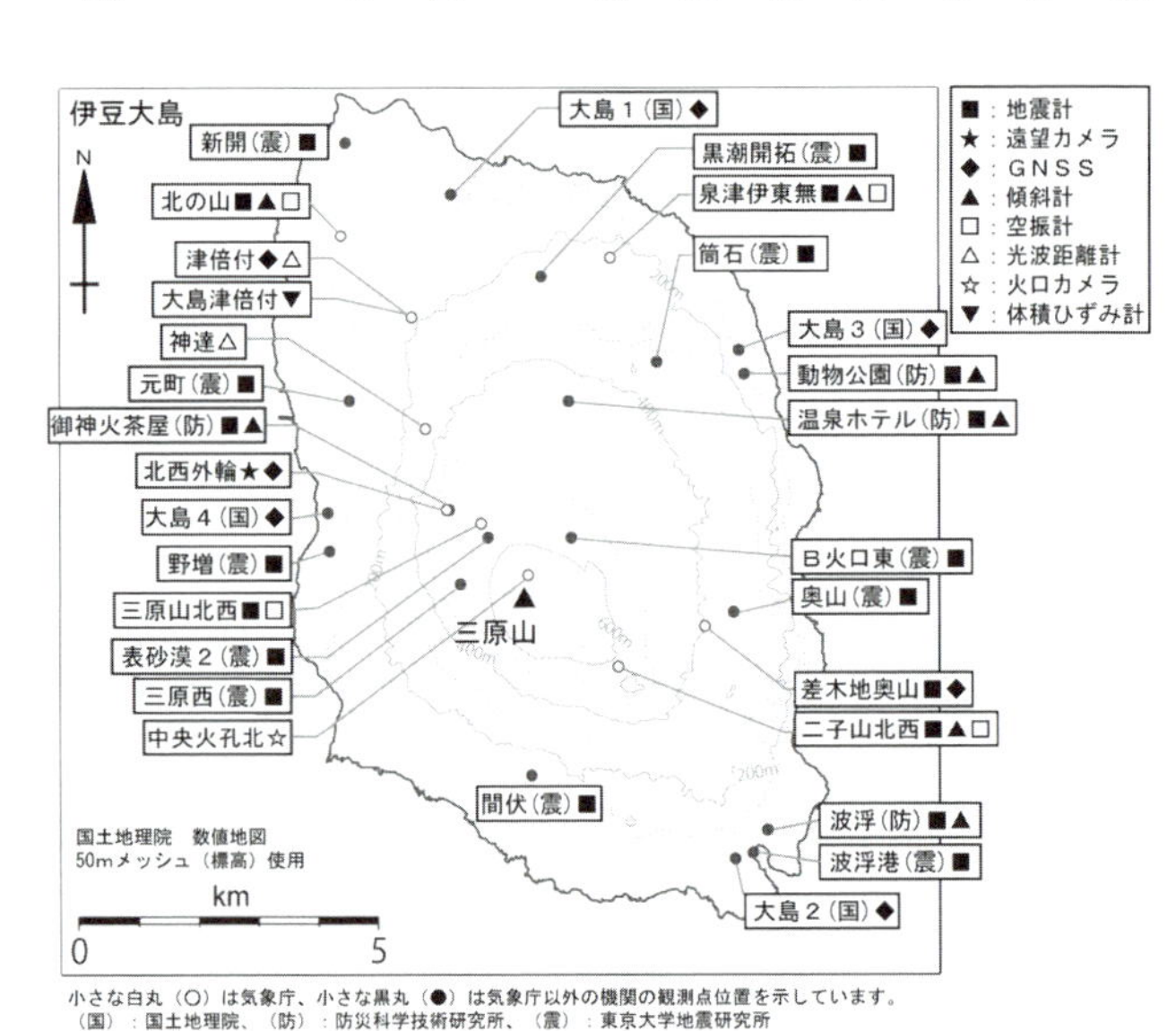

図 3-23　伊豆大島の観測点配置図（気象庁 HP より）

デラがあって雄山はその中央火口丘でしたが、2000年の噴火によって新たに直径約1・6㎞のカルデラが形成され八丁平カルデラは消滅しています。三宅島は、玄武岩質マグマ起源の溶岩で、粘性が低いため溶岩流となり、過去何度か流下しています。島名の由来には、事代主命（ことしろぬしのみこと）が三宅島に来て治めたという伝説から宮家島という説、8世紀に多治比真人三宅麿が流されたことから三宅島という説などがありますが、著者は火山が噴火することから御焼島という説に惹かれます。三宅島は噴火活動が盛んで、約2500年前には、最近1万年間で最も噴出量の大きな八丁平噴火が発生し、島の中央に八丁平カルデラが形成されました。この噴火以降、12世紀後半までは八丁平カルデラを埋めて現在の雄山を形成する噴火が続きました。その後、15世紀後半までの約300年間は噴火がありませんでしたが、1469年の噴火以降、1535年、1595年、1643年、1712年、1763年、1811年、1835年、1874年、1940年、1962年、1983年、2000年と、平均50年の間隔で噴火がありました。有史時代の活動は、山頂から北―東南東、西―南南西の方向の山腹の割れ目火口からの短期間の噴火です。

1983年10月3日に南西山腹の割れ目噴火が始まり、小火口の列が南北に延びています。列をなし、高さ100m以上に吹き出た溶岩は、西方の阿古地区、南西の錆ヶ浜地区、南南西の粟辺地区の3つに分かれて流れ、特に、阿古地区へ

図 3-24　三宅島全景（気象庁 HP より）

約1・7km/hで流下した溶岩は、集落を埋没させています。また、割れ目火口が海岸近くに達したときは海岸付近では激しいマグマ水蒸気爆発が起きています。溶岩の流出は4日の早朝にはほぼ止まりましたが、約400棟の住宅が埋没・焼失し、山林や耕地に大きな被害が発生しました。

2000年（平成12年）に発生した噴火では、6月26日18時30分過ぎに群発地震が始まり、気象庁が噴火の恐れが高いとして19時33分に「緊急火山情報」を出し、坪田・三池・阿古・伊ヶ谷地区の住民は島の北部に避難しています。その後、火山活動は沈静化しましたが、7月4日から再び活発化し、7月8日の水蒸気爆発では山頂部に直径約800mの陥没火口ができています。このため、八丁平カルデラとほぼ同じ位置に、新しいカルデラが形成されました。その後は、噴火が繰り返され、8月10日には陥没口から噴煙が上空6000m以上に達する噴火が起き、18日には噴煙は上空15000mに達する噴火が起きています。火山弾が住宅地にも落下し、雨による泥流も頻発しています。また、高濃度の二酸化硫黄を含む世界でも類を見ないほどの大量の火山ガスが放出されています。こうした活発な火山活動のため、2000年9月2日から全島民が避難し、避難指示が解除されたのは4年5ヶ月後の2015年2月1日でした。

三宅島の火山ガスにより、8月中旬から三宅島から離れた関東地方でも刺激臭がする日がではじめ、9月13日には京都などでも硫黄臭がしています。日本で人為的に発生する二酸化硫黄の量は、1日あたり約3000トンとされていますが、9月に入ってからは徐々に増えた二酸化硫黄の量は最大1日あたり5万トンにも達しました。

気象庁では、地震計、傾斜計、空振計、GPS、遠望カメラを設置し、関係機関の協力の下、三宅島の火山活動の監視・観測を行っています（図3-25）。

（4）火砕流で大災害となった雲仙普賢岳

雲仙岳は、島原半島の中央部にある普賢岳、国見岳、妙見（みょうけん）岳の三峰と、野岳、九千部（くせんぶ）岳、矢岳、高岩山、絹笠山の五岳からなる山体の総称です。中央部に東に開いた妙見カルデラがあり、その中に普賢岳等の溶岩ドーム群があり、さらに東に眉山溶岩ドームがあります。約4000年前に島ノ峰溶岩が噴出し、火砕流が発生していますが、同じ頃に眉山ができ、北斜面に火砕流が発生しています。有史以来、溶岩を3回流出しましたが（1663年、1792年、1990〜1996年）、噴火活動はいずれも普賢岳に限られています。

1792年5月21日（寛政4年旧暦4月1日）に雲仙岳眉山で発生した山体崩壊とこれによる津波災害は、肥前国と肥後国合わせて死者、行方不明者1万50

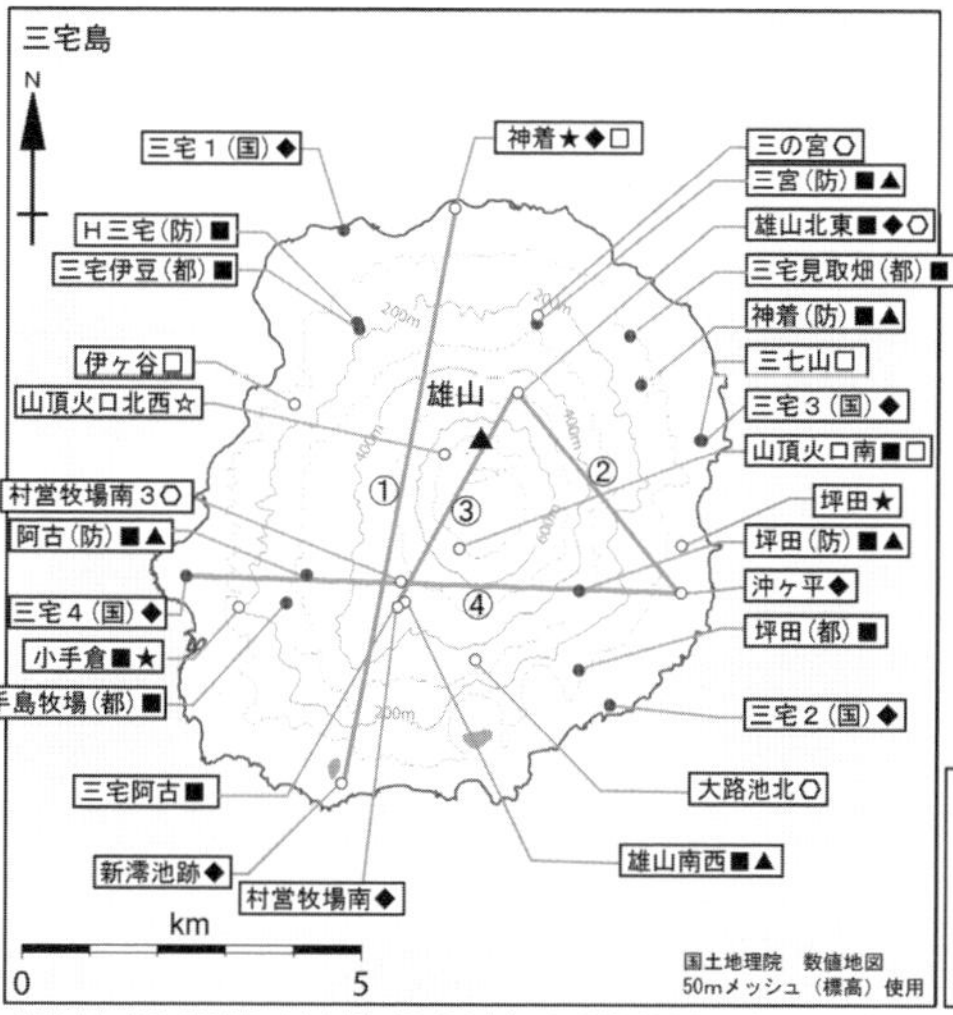

小さな白丸（○）は気象庁、小さな黒丸（●）は気象庁以外の機関の観測点位置を示しています。
（国）：国土地理院、（防）：防災科学技術研究所、（都）：東京都

図3-25　三宅島の観測点配置図（気象庁HPより）

００人という、有史以来の日本最大の火山災害となっています。この大災害は、「島原大変肥後迷惑」と呼ばれています。

雲仙普賢岳は１９９０年（平成２年）11月17日に１９８年ぶりに噴火し、その後小康状態になりましたが、１９９１年（平成３年）２月12日に再噴火し、さらに４月３日、４月９日と噴火して多量の火山灰を放出しています。そして、５月15日には降り積もった火山灰で最初の土石流が発生しています。５月20日には地獄跡火口から粘性が高いマグマによるドーム状の溶岩ドームが形成され、新しく供給されるマグマによって桃のような形で成長しています（図３-26）。このため、５月26日には火砕流に対する避難勧告が出され、警戒が強化されました。溶岩ドームは、やがて自重によって崩壊して斜面に崩落する火砕流を引き起こしています。

１９９１年（平成３年）５月24日に最初の火砕流が発生して以降、火砕流の到達距離は５月26日に溶岩ドームから東方に２・５㎞、29日には３・０㎞に達すると、次第に長くなる傾向が見られました。そんな中、６月３日16時８分に発生した火砕流で死者・行方不明者43名という大災害が発生しています。内訳は、報道関係者16名（アルバイト学生含む）、火山学者ら３名（火山学者のクラフト夫妻と案内役のアメリカ地質調査所のハリー・グリッケン）、警戒に当たっていた消防団員12名、報道関係者に傭車され独断で避難できなかったタクシー運転手４

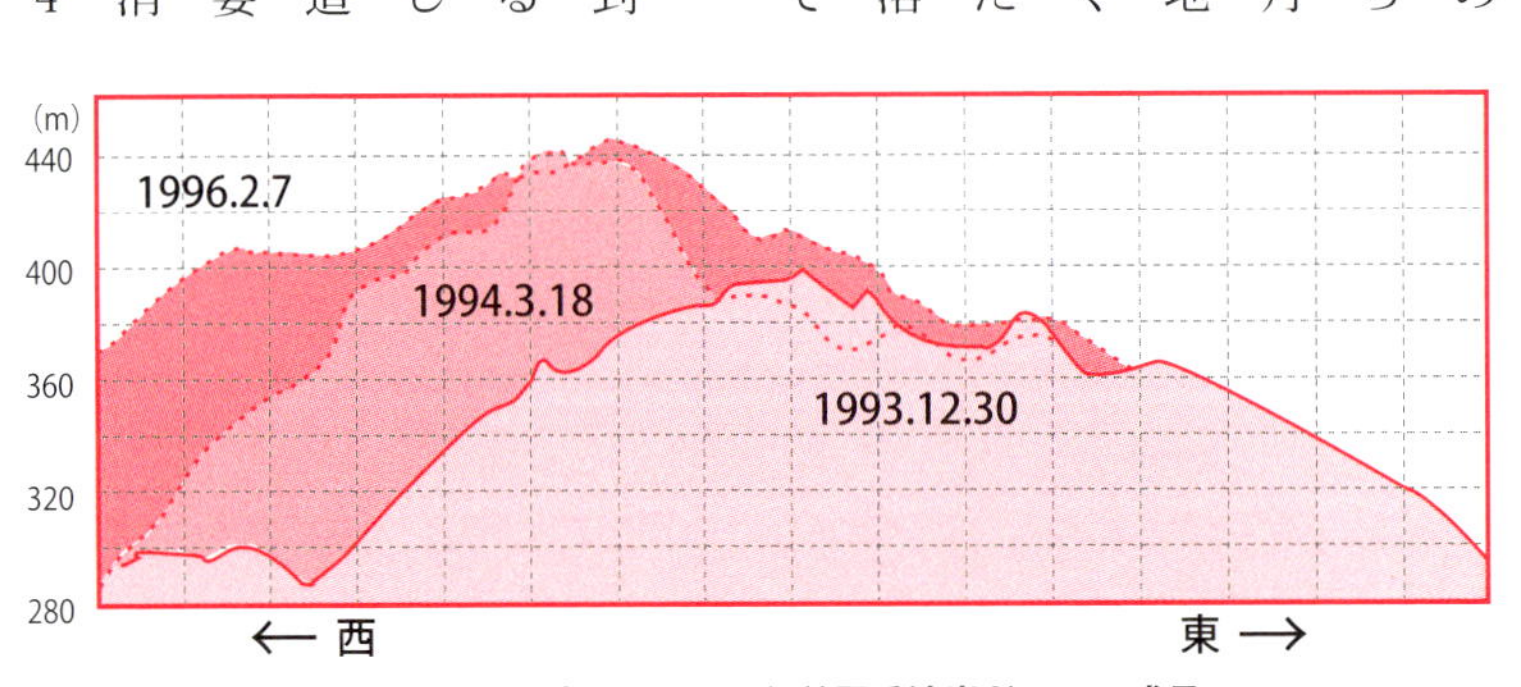

図 3-26　仁田峠から見た雲仙普賢岳溶岩ドームの成長

名、退避を呼び掛けに来た警察官２名、前日に行われた島原市市議会選挙ポスター掲示板撤去作業中の職員２名、農作業中の住民４名です。避難勧告地域内ですが、溶岩ドームから４・０km離れているものの真正面から撮影でき、さらに土石流が頻発していた水無川から２００m離れた丘陵地となっていた場所にマスコミ競争で集まっていたこと、そのマスコミの中には警戒地域で無人となった民家に入って無断でカメラ等のために電源を使用したり電話をかけた人がいたことで消防団員等が見回り始めたこと、当日は視界が悪かったことが死者を多くしたといわれています。普賢岳噴火による警戒区域がすぐに設定され、以後しだいに拡大して、最大時の９月には対象人口が１１０００人となり、多くの人が避難生活を余儀なくされています。また、水無川の流域には噴出した大量の火山灰が堆積し、たびたび土石流が発生しています。特に、平成５年の４月下旬から６月下旬にかけ、水無川流域で大きな被害が発生しました（図３-27、表３-４）。火山活動中、島原大変肥後迷惑の原因となった眉山の山体崩壊が懸念されましたが、今回は逆に眉山が火砕流から島原市中心部を守っています。また、自衛隊は救援活動のため九州大学などの指導を受けつつ協同で火山観測を行い、その成果を関係機関及び地元住民への24時間のリアルタイムで情報提供をしています。自衛隊は１９９５年（平成７年）12月まで１６５３日間という史上最長の災害派遣を継続しました。

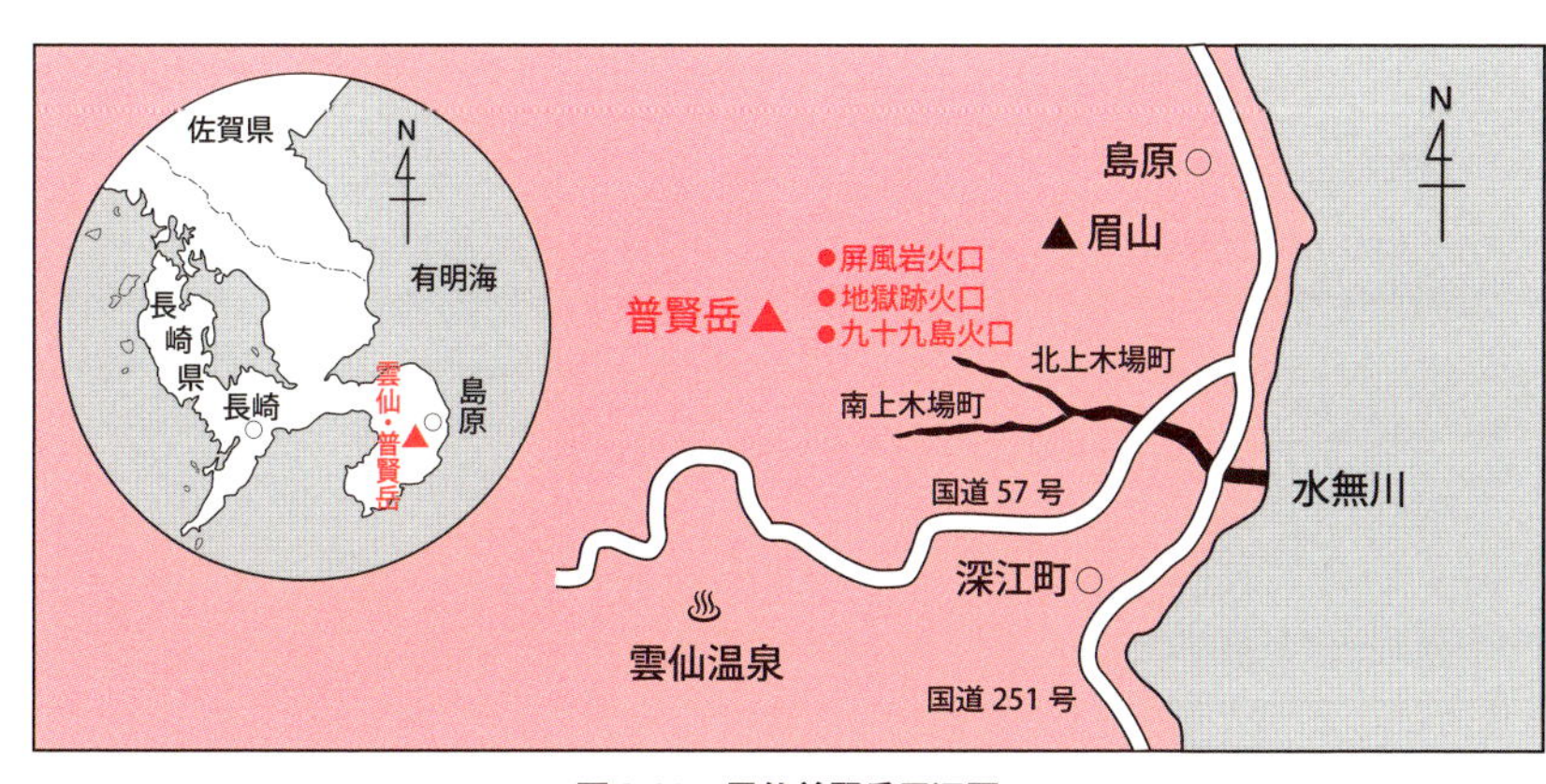

図 3-27　雲仙普賢岳周辺図

雲仙は、もとは「温泉」と書いて「うんぜん」と読んでいました。行基（ぎょうき）が大宝元年（７０１年）に開いたと伝えられている大乗院満明寺の号が「温泉（うんぜん）山」です。雲仙温泉としては、１６５３年（承応２年）の延暦湯以来という長い歴史を持っていますが、普賢岳の噴火のときには風評被害を受け、客足がばったりと途絶えています。雲仙温泉といっても雲仙普賢岳の噴火の影響は全くなかったのですが、雲仙岳噴火というニュース報道で、雲仙温泉も危ないと考えた人が多かったと考えられます。

気象庁では、地震計、傾斜計、空振計、ＧＮＳＳ、光波距離計、遠望カメラを設置し、関係機関協力の下、雲仙岳の火山活動の監視・観測を行っています（図３-28）。

（5）桜島が大隅半島とつながった桜島噴火

桜島は、東西約12㎞、南北約10㎞、周囲約55㎞の火山で、北岳、中岳、南岳の３峰と多くの側火山からな

表 3-4　雲仙普賢岳噴火における火砕流による被害と土石流等による被害

	年月日	死者・行方不明者（人）	負傷者（人）	住家被害（棟）	浸水家屋（棟）
火砕流による被害	平成３年５月26日	・	1	・	・
	平成３年６月３日	43	9	49	・
	平成３年６月８日	・	・	72	・
	平成３年９月15日	・	・	53	・
	平成４年８月８日	・	・	5	・
	平成５年６月23～24日	1	・	92	・
	合計	44	10	271	・
土石流等による被害	平成３年６月30日	・	1	77	21
	平成４年８月８～15日	・	・	61	103
	平成５年４月28日～５月２日	・	・	250	122
	平成５年６月12～16日	・		25	23
	平成５年６月18～19日	・	・	103	32
	平成５年６月22～23日	・	・	31	18
	平成５年７月４～５日	・	・	6	12
	平成５年７月16～18日	・	・	19	44
	平成５年８月19～20日	・	1	9	161
	合計	・	2	581	536

っています（図3-29）。2万9000~2万6000年前に火山爆発指数7という姶良大噴火によって多量の噴出物が放出したあとできたのが姶良（あいら）カルデラで、このため鹿児島湾は水深が深い内海となっています。その後、姶良カルデラの南縁部に生じた安山岩~デイサイトの成層火山が桜島です。御岳と呼ばれる桜島北岳は、約2万6000年前に鹿児島湾内の海底火山として誕生し、2万4000年前まで活発な活動をしていましたが、長い休止期間を挟み、1万3000年前から噴火活動が活発となって海上に姿をあらわし、約5千年前には活動を停止しています。九州南部には、この頃に北岳から噴出した火山灰による地層が広がっており、サツマ火山灰と呼ばれています。4500年前からは南岳の活動が活発となり、有史以降の山頂噴火は南岳に限られています。中岳につい

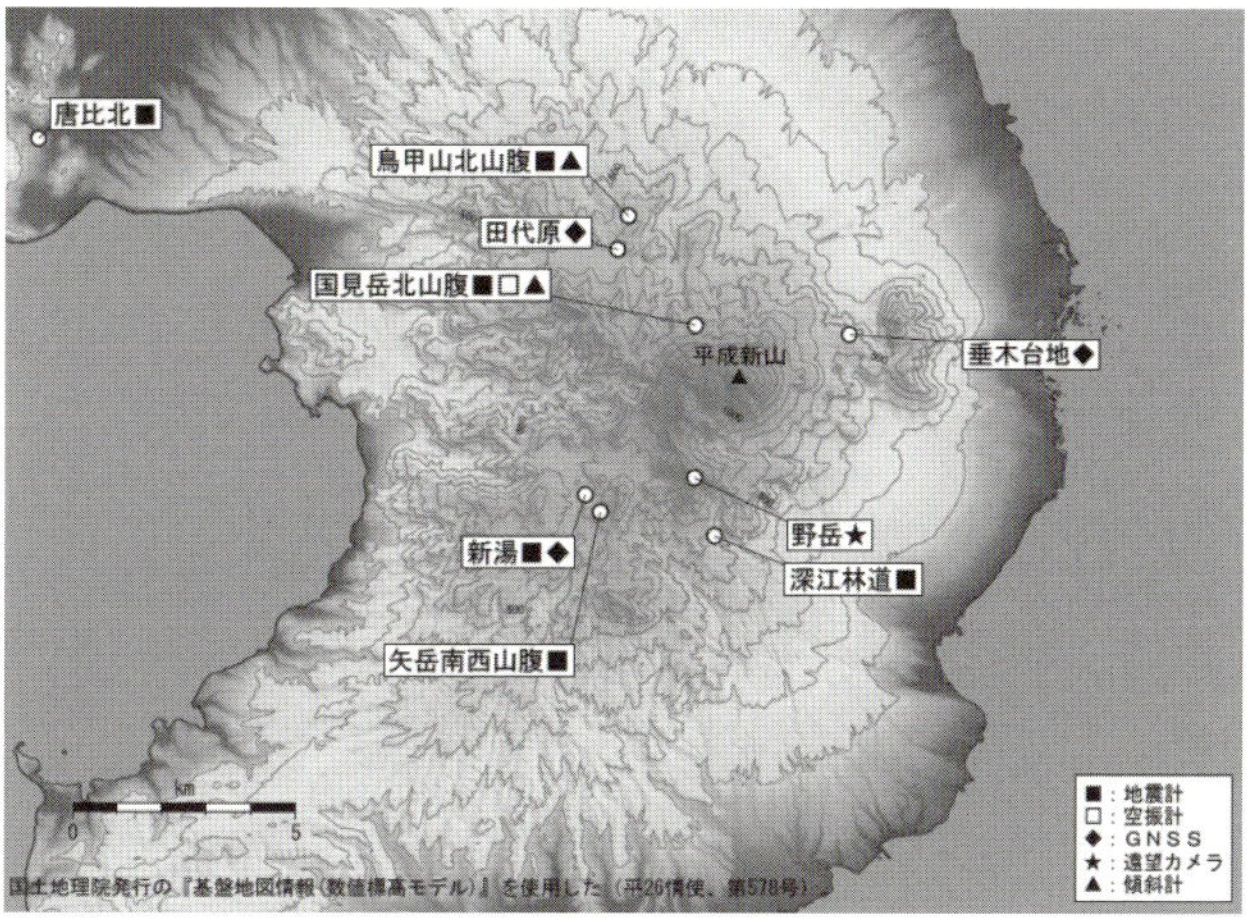

図 3-28　雲仙岳の観測点配置図（気象庁 HP より）

図 3-29　桜島（2011 年 7 月 10 日　気象庁撮影）
（気象庁 HP より）

ては、その活動史が十分に解明されていません。また、「天平宝字噴火」「文明大噴火」「安永大噴火」「大正大噴火」と元号がついた噴火はすべて山腹噴火で、火砕流が発生したあと、多量の溶岩を流出しています。南岳の東山腹にある昭和火口は、２００６（平成18）年６月に58年ぶりとなる噴火活動を再開したときのもので、爆発のあと、溶岩が流出しました。

有史以来、30回以上の噴火が記録に残されており、特に文明、安永、大正の３回が大きな噴火でした（図３-30）。文明大噴火は、１４７１年（文明３年）９月12日の大噴火で、北岳の北東山腹から溶岩（北側の文明溶岩）が流出し、死者多数という記録があります。１４７３年の噴火に続いて、１４７５年（文明７年）８月15日には島南西部で噴火が起こり溶岩（南側の文明溶岩）が流出しています。

図 3-30　桜島溶岩流分布図（「桜島火山ハザードマップ」より）

安永大噴火は、１７７９年11月8日（安永8年9月30日）の噴火で、昼過ぎに桜島南部から大噴火が始まり、その直後に桜島北東部からも噴火が始まり、夕方には南側火口付近から火砕流が流れています。大量の火山灰を噴出し、江戸や長崎でも降灰がありました。11月９日（10月２日）には北岳の北東部山腹および南岳の南側山腹からも溶岩の流出が始まり、翌11月10日（10月３日）には海岸に達しています（安永溶岩）。

大正大噴火は１９１４年（大正３年）１月12日から始まった噴火で、その後約1ケ月間にわたって頻繁に爆発が繰り返され多量の溶岩が流出し、流出した溶岩により大隅半島と陸続きになっています。１月12日の噴火では、噴煙は上空１００００m以上に達し、岩石が高さ約１０００mまで吹き上げられたといわれています。18時30分には噴火に伴うマグニチュード７・１の強い地震（桜島地震）が発生し、対岸の鹿児島市内でも石垣や家屋が倒壊するなどの被害がありました。一連の噴火により、死者58名という大惨事が発生しました。桜島島内の多くの農地が被害を受け、ミカンや大根などの農作物は、ほぼ全滅し、噴火以前は２万人以上であった島民の約3分の2が島外へ移住しました。

地震等、噴火の前兆となる現象が頻発し始めた１月10日夜から、住民の間で不安が広がり（図3-31）、地元の行政関係者が鹿児島測候所（現・鹿児島地方気象台）に問い合わせたところ、「地震については震源が吉野付近（鹿児島市北部）

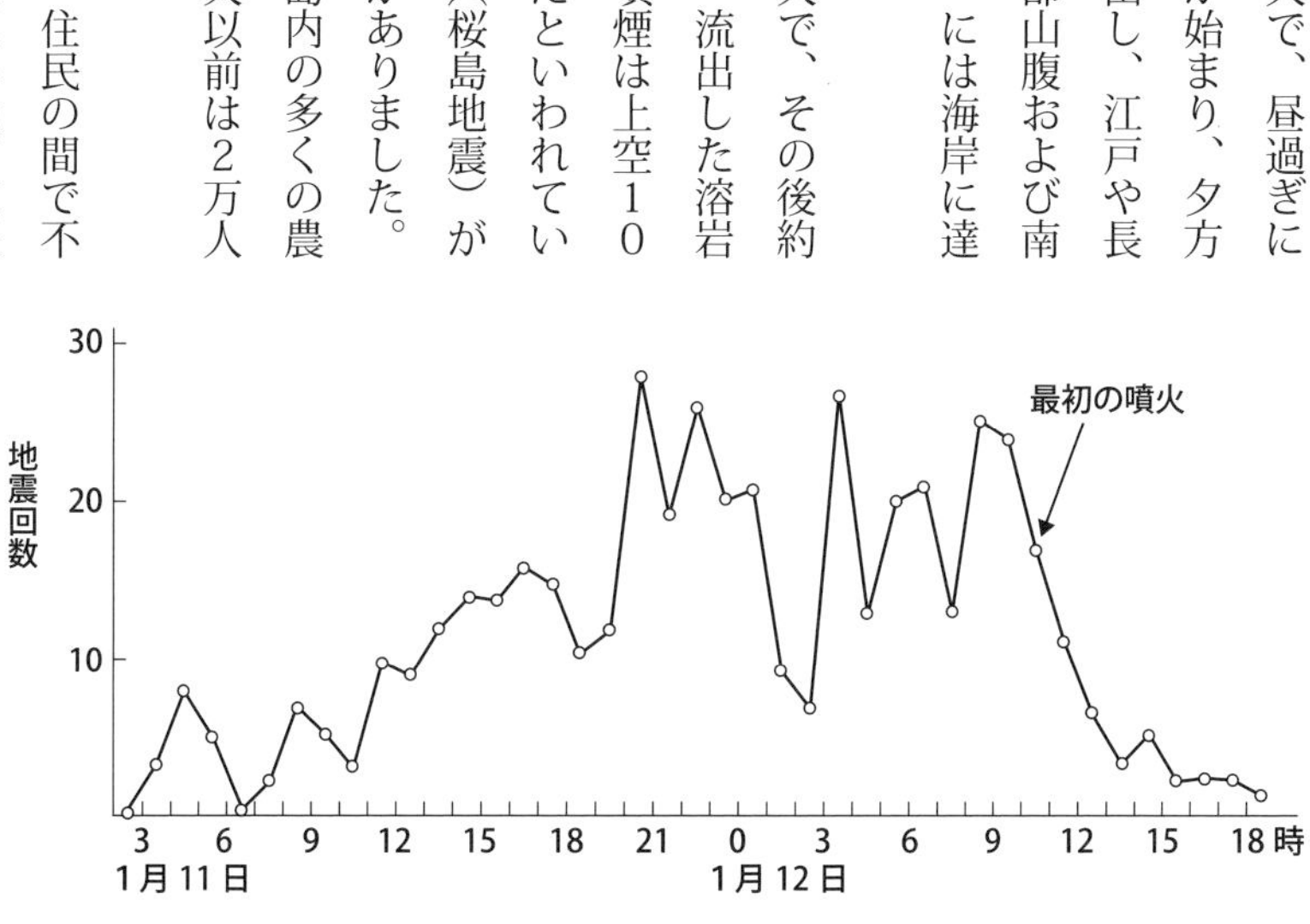

図 3-31　1914 年桜島噴火前の前兆地震（大森房吉による）

であり、白煙については単なる雲である」と、避難の必要はないとの回答でした。それでも1月11日になると、避難を始める住民が出始めましたが、鹿児島市街地に近い桜島西部の横山周辺は、測候所の見解を信頼する者が多かったため避難が遅れて大混乱となり、泳いで対岸に渡ろうとして凍死したり溺死したりする者が相次いでいます。このため、鹿児島市立東桜島小学校にある桜島爆発記念碑には「住民は理論を信頼せず、異変を見つけたら、未然に避難の用意をすることが肝要である」との記述があり、「科学不信の碑」とも呼ばれています（図3-32）。

桜島の火山噴火は、昭和に入っても続き、1946年と1955年には死者を伴う災害が発生しています。1972年（昭和47年）9月13日から始まった南岳山頂でのやや大きな爆発噴火で噴出した高温の噴石により多数の山火事が発生しています。このときの教訓から、避難施設の整備や降灰除去事業、火山観測や研究などの強化対策等のため、1973年に活動火山対策特別措置法が制定されました。

1974年6月17日には第1古里川の砂防工事現場を降雨によって流れ出た火山灰による土石流が直撃し、死者・行方不明者3名という被害が発

大正三年一月十二日櫻島ノ爆發ハ安永八年以來ノ大惨禍ニシテ全島猛火ニ包マレ火石落下シ降灰天地ヲ覆ヒ光景惨憺ヲ極メテ八部落ヲ全滅セシメ百四十人ノ死傷者ヲ出セリ其爆發數日前ヨリ地震頻發シ岳上ハ多少崩壊ヲ認メラレ海岸ニハ熱湯湧沸シ舊噴火口ヨリハ白煙ヲ揚ル等刻刻容易ナラサル現象ナリシヲ以テ村長ハ數回測候所ニ判定ヲ求メシモ櫻島ニハ噴火ナシト答フ故ニ村長ハ殘留ノ住民ニ狼狽シテ避難スルニ及ハスト諭達セシカ間モナク大爆發シテ測候所ヲ信頼セシ知識階級ノ人却テ災禍ニ罹り村長一行ハ難ヲ避クル地ナク各身ヲ以テ海ニ投シ漂流中山下収入役大山書記ノ如キハ終ニ悲惨ナル殉職ノ最期ヲ遂クルニ至レリ

本島ノ爆發ハ古來歴史ニ照シ後日復亦免レサルハ必然ノコトナルヘシ住民ハ理論ニ信頼セス異變ヲ認知スル時ハ未然ニ避難ノ用意尤モ肝要トシ平素勤倹産ヲ治メ何時變災ニ値モ路途ニ迷ハサル覚悟ナカルヘカラス茲ニ碑ヲ建テ以テ記念トス

大正十三年一月

東櫻島村

図 3-32　桜島爆発記念碑（写真：鹿児島市）

生しています。また、同年8月9日にも野尻川の砂防工事現場において土石流が発生し5名が死亡しています。

桜島の噴火回数は、２００２〜２００８年は年に１００回にも達しなかったのに対し、２００９年以降の活動を活発化させており、２００９年７５５回、２０１０年１０２６回、２０１１年１３５５回、２０１２年は１１０７回、２０１３年１０９７回、２０１４年６５６回と、これまで観測された上位の記録を独占する形となっています。

気象庁では、地震計、傾斜計、空振計、ＧＮＳＳ、遠望カメラを設置し、関係機関協力の下、桜島の火山活動の監視・観測を行っています（図3-33）。

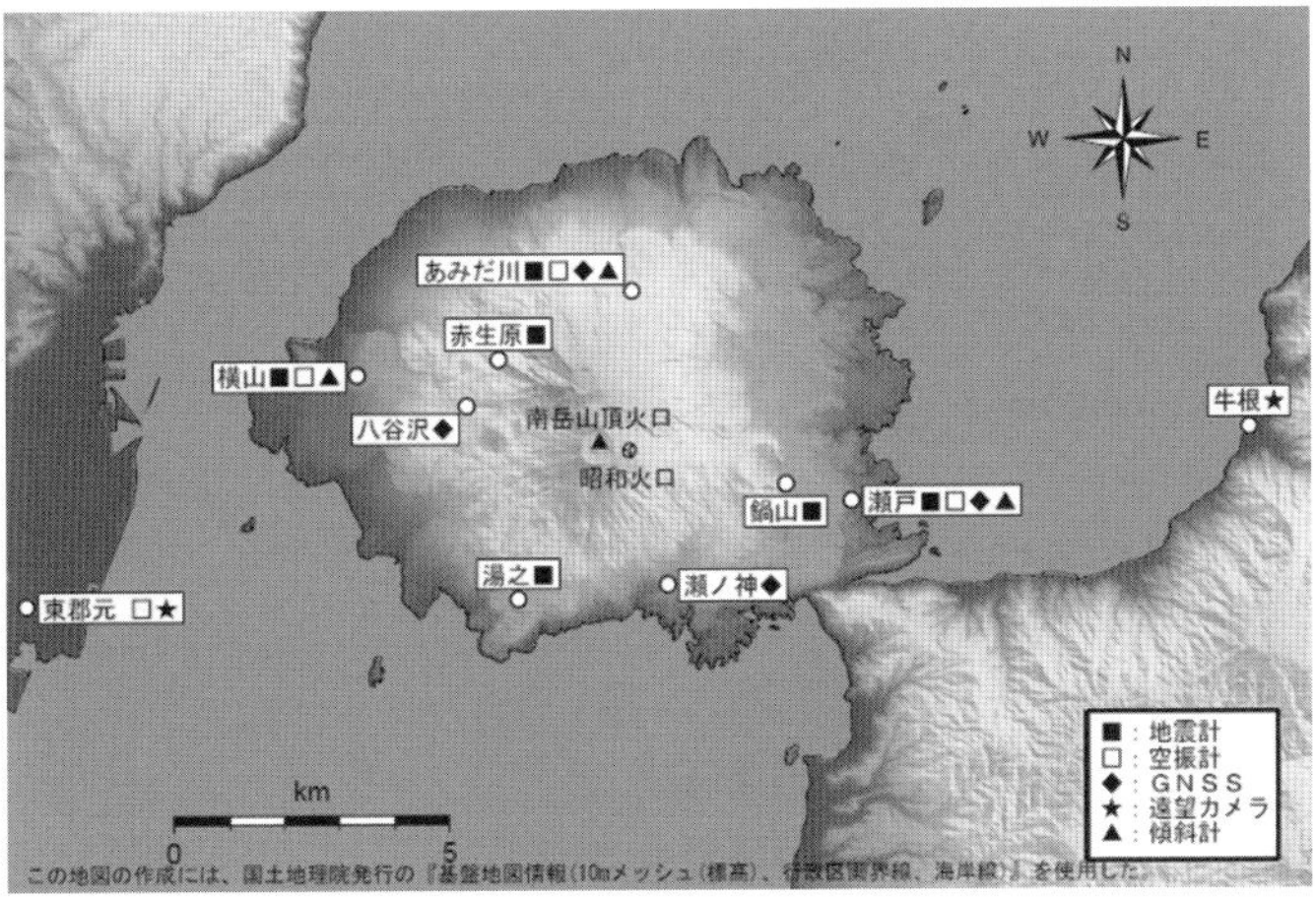

(6) 東日本大震災でニュースが萎んだ霧島噴火

九州南部の宮崎県と鹿児島県の県境に広がる火山群の総称が霧島山で、最高峰の韓国岳と霊峰である高千穂峰の間や周辺に多くの山々が連なっています（図3-34）。成層火山としては新燃岳（しんもえ）、中岳、大幡山、御鉢、高千穂峰などがあり、火砕丘としては韓国岳などがあります。霧島山は、30万年前に大噴火を起こした加久藤（かくとう）カルデラの南縁付近で火山活動が繰り返されてできたもので、30万年前から15万年前にかけて安山岩または玄武岩からなる古期霧島火山

図 3-33　桜島の観測点配置図（気象庁 HP より）

が形成されました。休止期間を経て10万年前から活動が再開し、古期霧島火山の上に新期霧島火山が重なるように形成されました。御池マールを形成した約4600年前の噴火は、霧島火山では最大規模の活動です。有史以降の噴火活動は御鉢と新燃岳に集中し、交互に噴火を繰り返してきました。

御鉢（おはち、みはち）は、今から3000年前以降に活動を開始した活発な火山で、江戸時代以前は、噴火を繰り返していたため火常峰と呼ばれていましたが、火口の形状が飯櫃に似ていることから俗称として御鉢と呼ばれていました。742年12月24日（天平14年11月23日）、788年4月14日（延暦7年3月4日）、1235年1月18日（文暦元年12月28日）に噴火していますが、このうち、文暦噴火は有史以来では最大規模の噴火で、大量の噴石、火山灰および溶岩を噴出しました。火山灰は火口から20㎞離れた場所においても深さ60㎝に達しました。その後、1566年10月21日（永禄9年9月9日）の噴火では、焼死者多数という記録があります。また、1706年1月29日（宝永2年12月15日）の噴火では周辺の寺社が焼失しています。

1886年（明治19年）10月から火口底に大量の硫黄が堆積するようになり、硫黄の採掘が行われるようになりましたが、翌1888年（明治21年）1月12日に火口から噴煙や噴石の放出が始まりました。その後、断続的に噴火があり、噴石と火山灰を放出しています。1895年（明治28年）10月16日の噴火では、登

図 3-34　霧島山主要部（2011 年 10 月 18 日 西側上空より気象庁撮影、右奥：新燃岳火口、中央手前：大浪池、左中程：韓国岳、左後方：夷守岳）
（気象庁 HP より）

山者３名が噴石に当たって死亡しています。また、１８９６年３月15日には１名、１９００年2月16日には2名の登山者が噴石に当たって死亡しています。また、１９２３年（大正12年）７月11日の噴火では、噴煙のため登山者１名が死亡していますが、これ以後、噴火の記録はありません。

新燃岳は、約1万年前に山体形成が始まり、約５６００年前、約４５００年前、約２３００年前の大噴火で周辺に噴出物を堆積させています。有史以降の活動は、１７１６年４月10日に始まった噴火で、水蒸気爆発に始まりマグマ水蒸気爆発からマグマ噴火へと変化し、断続的に約1年半続きました。中でも、11月９日からの噴火は最大の経済的・人的被害をもたらした噴火で、死者5名、神社・仏閣焼失家屋６００余軒、牛馬４０５頭が死にました。北へ約１００㎞離れた宮崎県高千穂町でも、「霧島岳」の火が見えたという記録があります。

１８２２年1月12日（文政４年12月20日）の水蒸気爆発では、14日（22日）に南方を流れる天降川で火山泥流が発生しています。また、１９５９年（昭和34年）２月13日に小規模な水蒸気噴火があり、２月17日から数日間にわたって噴火を繰り返しました。火山灰は西風に乗って小林市や宮崎市にまで及び、火山灰によって小麦や大麦などに大きな被害が発生しました。雨によって作物に火山灰が付着したことが被害を大きくしました。

２０１１年（平成23年）１月19日に小規模なマグマ水蒸気噴火に続き、１月

26日からは52年ぶりとなる本格的な噴火が始まり、火口から３０００ｍ上空まで噴煙が上がりました。19日以降の噴火により、火山灰は新燃岳の東側にあたる都城盆地、宮崎平野南部などに広がり、鉄道の運休、高速道路通行止、空港閉鎖などの影響がでました。1月30日には、火口内の溶岩ドームが直径５００ｍにまで成長し、中心部の高さは火口縁付近に達したことから、宮崎県高原町では30日の深夜に「火山が非常に危険な状態にある」として５１２世帯約１１５０人に避難勧告を出しています。また、２月1日の爆発的噴火では、空振が起き、１００枚以上のガラスが割れています。２月14日には通算11回目の爆発的噴火が起きています。このため、政府の専門家を中心とした調査団が派遣されていますが、この調査団が調査を終えて羽田空港に戻ってきたのが3月11日、東日本大震災が起こった日です。羽田空港はそこから先の交通手段が無くなった乗客等で溢れ、身動きできなくなってしまいました。このため、車両の手配ができた翌朝未明まで、東京航空地方気象台内に臨時の事務室を開設し、霧島火山調査のとりまとめを行い、地震、津波、原子力の防災業務の一端を始めています。

　気象庁では、地震計、傾斜計、空振計、ＧＮＳＳ、光波距離計、遠望カメラを設置し、関係機関協力の下、霧島山の火山活動の監視・観測を行っています（図3-35）。

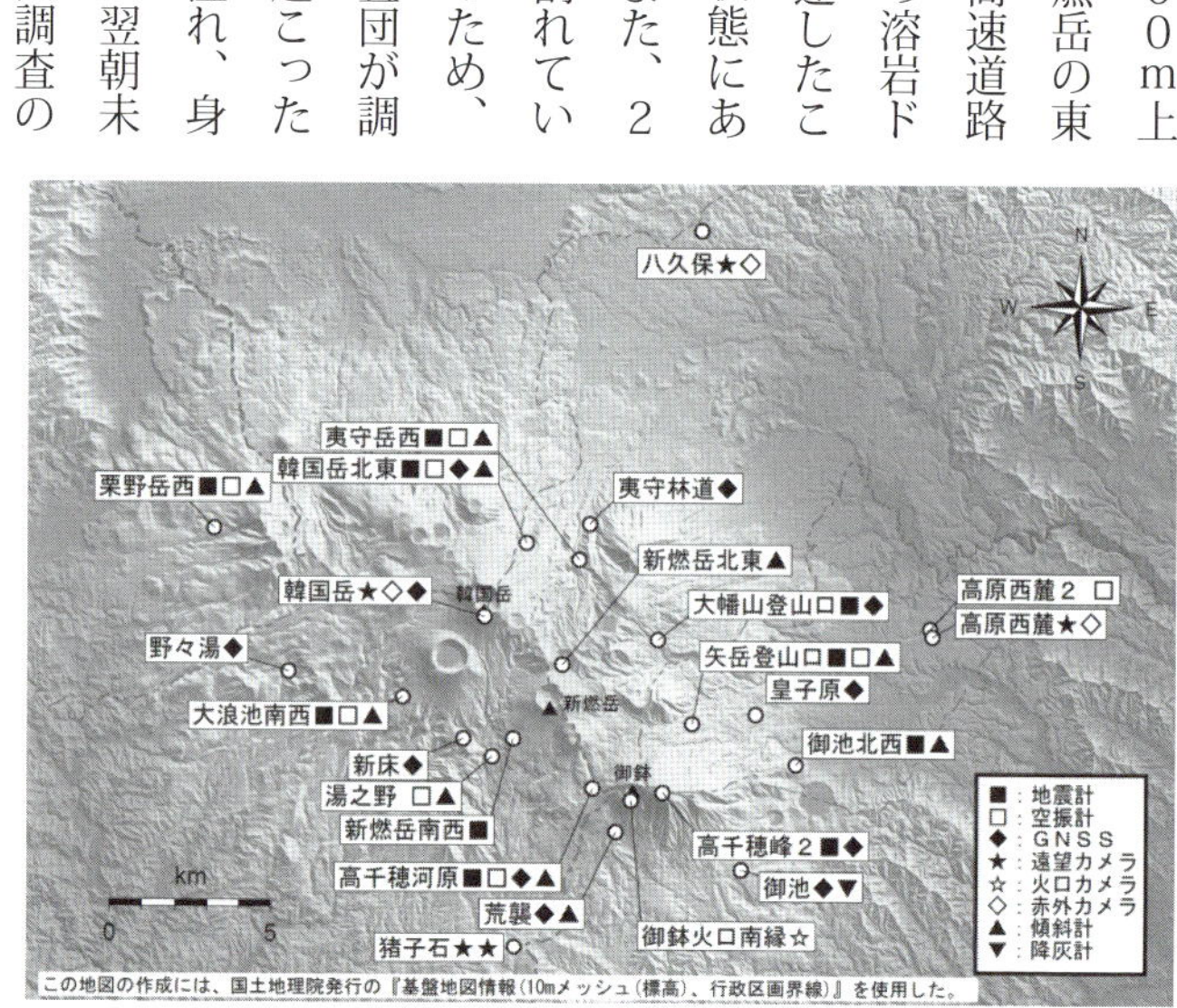

図 3-35　霧島の観測点配置図（気象庁 HP より）

コラム❸　竹取物語に出てくる富士山は絶えず煙の上がる山

富士山の火山活動は有史以後でもさまざまな形をとっています。万葉集に719年（養老3年）頃の富士山の山頂からの噴煙を詠んだ歌があります。

駿河なる　ふじの高嶺を　天の原　ふりさけみれば
わたる日の　かげもかくろひ　照る月の光も見えず（山部赤人）

この頃は、富士山が激しく噴火している山というより、しずかに噴煙が上がっている山というイメージです。

延暦19年（800）の山頂付近からの噴火では、多量の降灰を周辺にもたらし、古代の東海と関東を結ぶ足柄道は埋没したため、延暦21年（802）に箱根路が聞かれています。また、貞観6年（864）から始まった北西山腹からの噴火では、流れ出た溶岩が青木ヶ原を作り、「せのうみ」を精進湖と西湖に二分しています。平安初期には富士山は燃える恋に例えられる山として和歌などが詠まれています。

しかし、富士山の活動がおだやかになるにつれ、偲ぶ恋に例えられる山になります。富士山は、その後、承平7年（937）、長保元年（999）、長元5年（1033）、永保3年（1083）、永享7年（1435）、永正8年（1511）に小規模噴火をします。そして、宝永4年（1707）12月16日朝に南東山腹で噴火し、その日のうちに江戸にも多量の降灰があり、宝永山が山腹にできています。その後は、噴火もなく、各機関が設置した観測機器によってさまざまな監視が行われている現在でも、特に目立った活動は起きていません。しかし、1000年単位で考えると、富士山はいろいろと様相を変化させている山なのです。

日本最古とされる竹取物語の最後は、かぐや姫が帝に不死の薬と天の羽衣を贈って月に向かいますが、帝は「かぐや姫のいないこの世で不老不死を得ても意味が無い」と、それを駿河国の日本で一番高い山で焼くように命じ、それからその山は「不死の山」と呼ばれ、山からは常に煙が上がるようになったとなっています。竹取物語の成立時期は不明ですが、私は、富士山が激しい山であった9世紀以降ではないと思っています。つまり、竹取物語の成立は、富士山は煙が絶えず上っている山であった8世紀という推測が成り立ちます。なお、江戸時代の歌人で国学者の加納諸平が、かぐや姫に言い寄る5人の貴公子のうち4人が文武天皇5年（701）の公卿にそっくりと指摘しています。また、最も卑劣な人物として描かれる車持皇子が、当時の有力者である藤原不比等とはまったく似ていないのは、逆に、暗に藤原氏を批判しようとする作者の意図ではないかという意見もあります。

日本各地には竹取物語由来の地があり、平成11年から富士市など7市町は「かぐや姫サミット」という交流を行っています。富士市には竹取物語にちなむ地名が多いといわれますが、伝承の内容が他とは少し違っています。求婚したのが国司で、「私は日本で一番高い山の仙女」と打ち明けて去るかぐや姫を追いかけ、山頂で不死の玉手箱を開け共に長生きしたというものです。

かぐや姫サミットの7市町

第４章　火山防災の心得

火山防災の第一歩は情報

（1）桜島と共生している鹿児島

鹿児島のシンボルである桜島は、鹿児島湾（錦江湾（きんこうわん））にある東西約12km、南北約10kmの火山です。かつては文字通り島でしたが、１９１４年（大正３年）１月12日に始まった噴火により、それまで海峡（距離最大４００m最深部１００m）で隔てられていた桜島と大隅半島とが陸続きとなりました。このときの火山灰は、九州から東北地方にまで及んでいます。２００６年には、昭和火口と呼ばれる火口が約60年ぶりに活動を活発化させ、２０１１年には1年間で９９６回も爆発しています。さらに、２０１３年８月18日に大規模な噴火が発生し、噴煙は５０００mの高さに達しました。鹿児島市内には大量の火山灰が降り注ぎました。鹿児島市の市街地は、錦江湾を挟んで桜島とわずか４kmの距離あり、世界でも希な火山間近の大都市です。

火山噴火の影響は、火山周辺だけにとどまらず、火山灰などの噴出物は上空の風によって広範囲に広がり、さまざまな影響を与えますが、住民はその中で生活

鹿児島市のように活動をしている火山の近くで、昔から続いている大都会は非常に珍しいです。桜島という大自然が、全体的にのびのびして細かいところは気にしない、それでいて義理堅いという鹿児島人気質を作ったと言う人もいますよ。

をしています。

桜島近くの住民にとって風向きの情報は重要であり、１９８３年（昭和58年）９月１日から、電話による天気予報（１７７）で桜島上空の風向きに関する情報提供が始まりました。

その後、鹿児島県内のテレビ・ラジオ放送の天気予報においても桜島上空（１５００ｍ）の風向きの情報が流されるようになりました。現在では、具体的な降灰予報もあわせて放送されています（図４-１）。鹿児島県民はこの風向きを見て、洗濯物を屋内に干したり、マスクを用意して外出したりする（外出を控える）などの対策をとっています。火山灰と共に暮らす鹿児島市では、市街地を中心に多くの学校のプールで、降灰時にも使用できるよう、カーテン状の可動式の屋根が設置されています（好天時は屋根を開けて使用）。ただし、しばらくの間

図 4-1　鹿児島上空の風の実況（上）と降灰予報（下）を伝えるテレビ画面
（提供：KTS 鹿児島テレビ、株式会社ウェザーニューズ）

降灰が小康状態だったことと、老朽化により、現在は撤去された学校もあります。また、校舎には降灰時でも舎内の換気ができるように、廊下側の窓にフィルターが取り付けられており、教室内の換気扇には、降灰の逆流を防止するカバーが換気扇の室外側についています。大隅半島など降灰量の多い地域には、雨どいのない家屋が散見されます。これは、灰が雨どいに詰まり雨水を吸収して固まると用をなさなくなるためです。降灰時は霧の中にいるようになり、視界が数十ｍになる場合があるので、自動車の場合、昼間でもライトの点灯は必須になります。また、火山灰がフロントガラスに付着した場合、いつも通りワイパーを作動させるとガラスに傷がつくことがあるので、作動速度に注意します（とくに降雨時の降灰の際は早めに、場合によってはウィンドウォッシャー併用で動かさないと危険な場合があります）。

南日本新聞社では、スマートフォン向けに「桜島降灰速報メール」を提供して

います。桜島の活動観測後5～10分で、登録会員向けに携帯メールで速報しています。これは、気象庁の火山観測報をもとに、噴煙高度や灰の流れ、風向きなどを配信するものです（配信時間は7時～21時30分）。この情報は、洗濯やお出かけといった生活の参考情報として使われています。また、会員の郵便番号の地域に、灰が飛んでいきそうと思われるときだけ配信する機能もあります。また、7時と15時頃に、今後の灰の流れをチェックするため、桜島上空の風についての情報を配信しています。火山灰と共に生きている住民は、建物や行動にも工夫がありますが、何より、迅速で細かな観測情報を確認することで、柔軟な対応をし、生活への降灰影響を少なくしているのです。

（2）気象庁のホームページにある火山に関する情報

火山に関する最新の情報は気象庁のホームページから入手できます。気象庁は絶えず火山を監視し、必要に応じて火山に関する警報や情報、およびその背景といった解説を提供しており、防災機関や報道機関等の関係機関には直接伝達するほか、気象庁ホームページでも公開しています（表4-1～表4-3、図4-2、図4-3）。また、気象庁ホームページには火山に関する警報等の最新情報の他、火山に関する情報について解説や火山の観測体制、火山そのものについての解説がありますので、火山に関する情報を得るには、まず気象庁のホームページを開

気象庁 HP は、火山だけでなく、台風や低気圧、地震など自然現象全ての予警報や観測結果、解説資料が載っています。自然災害発生時には日本でトップクラスのアクセス数になりますが、それでも対応できるように対策をとってあります。

き、「知識・解説」をクリックするのが良いでしょう。

表 4-1　気象庁が発表する火山に関する情報や資料の解説（2015 年 8 月現在）

種類	概要
噴火警報・予報	生命に危険を及ぼす火山現象の発生やその拡大が予想される場合に「警戒が必要な範囲」（生命に危険を及ぼす範囲）を明示して噴火警報を発表。噴火警報を解除する場合等には噴火予報を発表
火山の状況に関する解説情報	火山性地震や微動の回数、噴火等の状況や警戒事項について、必要に応じて定期的または臨時の解説情報
噴火速報	登山者等、火山の周辺に立ち入る人々に対して、噴火の発生を知らせる情報（常時観測火山が対象）
火山活動解説資料	地図や図表を用いて、火山の活動の状況や警戒事項について、定期的または必要に応じて臨時に解説
週間火山概況	過去 1 週間の火山活動の状況や警戒事項をとりまとめた資料
月間火山概況	前月 1 ヶ月間の火山活動の状況や警戒事項をとりまとめた資料
地震・火山月報（防災編）	月ごとの地震・火山に関連した各種防災情報や地震・火山活動に関する分析結果をまとめた資料
噴火に関する火山観測報	噴火が発生したときに、発生時刻や噴煙高度等をお知らせする情報
降灰予報	一定規模以上の噴火が発生した場合に、噴火発生から概ね 6 時間後までに火山灰が降ると予想される地域を予報
火山ガス予報	居住地域に長期間影響するような多量の火山ガスの放出がある場合に、火山ガスの濃度が高まる可能性のある地域を予報（現在は、三宅島のみで実施）
火山現象に関する海上警報	噴火の影響が海上や沿岸に及ぶ恐れがある場合に発表。緯度・経度と範囲を指定して、付近を航行する船舶に対して警戒を呼びかける
航空路火山灰情報	航空機のための火山灰情報として、航空路火山灰情報を提供

表 4-2　火山現象に関する海上警報の発表例

平成 27 年 2 月 24 日 18 時観測　24 日 18 時 00 分発表
噴火警報
火山名：西之島
位置：北緯 27 度 14.9 分　東経 140 度 52.7 分
噴火による影響が及ぶおそれ　周辺海域警戒
上記位置を中心とする半径 4 キロメートルの海域で噴火に警戒。

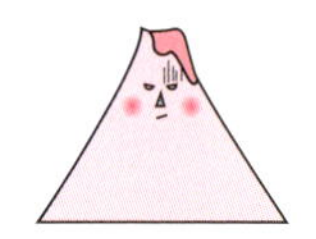

表 4-3　量的降灰量予報（2015 年 8 月現在）

名称	概要
降灰予報（定時）	・噴火警戒レベルが上がるなど、活動が高まり噴火の可能性が高い火山に対して発表します。 ・噴火の発生に関わらず、一定規模の噴火を仮定して定期的に発表します。 ・18 時間先（3 時間区切り）までに噴火した場合に予想される、降灰範囲や小さな噴石の落下範囲を提供します。
降灰予報（速報）	・噴火の発生を通報する「噴火に関する火山観測報」を受けて発表します。 ・「やや多量」以上の降灰が予測された場合に発表します。 ・事前計算された降灰予報結果※から適切なものを抽出することで、噴火後速やかに（5 ～ 10 分程度で）発表します。 ・噴火発生から 1 時間以内に予想される、降灰量分布や小さな噴石の落下範囲を提供します。
降灰予報（詳細）	・「やや多量」以上の降灰が予測された場合に発表します。 ・噴火の観測情報（噴火時刻、噴煙高など）を用いて、より精度の高い降灰予測計算を行って発表します。 ・降灰予測計算結果に基づき、噴火後 20 ～ 30 分程度で発表します。 ・噴火発生から 6 時間先まで（1 時間ごと）に予想される降灰量分布や、降灰開始時刻を提供します。

※降灰予測計算には時間がかかるため、噴火発生後に計算を開始したのでは、噴火後すぐに降り始める火山灰や小さな噴石への対応に間に合いません。そこであらかじめ、噴火時刻や噴火規模（噴煙高）について複数のパターンで降灰予測計算を行い、計算結果を蓄積しておきます。

火山名　三宅島　火山ガス予報
平成27年3月13日　　7時00分　　　気象庁地震火山部

＊＊（見出し）＊＊

今日の日中に、三宅島島内で火山ガスの濃度が高くなる可能性のある地域は、御子敷、三池・沖ヶ平の見込みです。

＊＊（本　文）＊＊
1．火山活動の状況及び予報事項

三宅島では、一日あたり数百トン程度のやや少量の火山ガス（二酸化硫黄SO2）の放出が継続しています。

今日の日中に、三宅島島内で火山ガスの濃度が高くなる可能性のある地域は、御子敷、三池・沖ヶ平の見込みです。

雄山上空1000mの風の時系列予報に基づく24時間先までの三宅島島内（9地区）の火山ガス分布は以下のとおりと予想されます。

		火山ガスの濃度が高くなる可能性のある地域	（参考）雄山上空（高度約1000m）風向（8方位）	（参考）雄山上空（高度約1000m）風速（m/秒）	（参考）地上[*1] 風向（8方位）	（参考）地上[*1] 風速（m/秒）	（参考）地上[*1] 最大1時間雨量（ミリ）
13日	9時	三池・沖ヶ平、御子敷	西	14	西	15	0
	12時	三池・沖ヶ平、御子敷	西	14	西	15	0
	15時	三池・沖ヶ平、御子敷	西	13	西	12	0
	18時	三池・沖ヶ平、御子敷	西	13	西	12	0
	21時	三池・沖ヶ平、御子敷	西	14	南西	15	0
	24時	三池・沖ヶ平、御子敷	西	15	南西	15	0
14日	3時	美茂井・島下、御子敷、三池・沖ヶ平	南西	16	南西	15	0
	6時	三池・沖ヶ平、御子敷	西	15	南西	15	1
	9時	美茂井・島下、御子敷、三池・沖ヶ平	南西	20	南西	15	3

＊1　地上の風向・風速及び最大1時間雨量は当該時刻の前３時間で最大の値

注）火山ガス分布の予想は、雄山上空の風速が３m/秒以上のときに行います。
風速が３m/秒より弱くても、場所によっては火山ガスの濃度が高くなる場合があります。

図 4-2　火山ガス予報の例（三宅島：平成 27 年 3 月 13 日 7 時）

火山名 御嶽山 火山の状況に関する解説情報 第４号
平成２６年９月２７日１６時０８分 気象庁地震火山部
＊＊（本 文）＊＊
＜火口周辺警報（噴火警戒レベル３、入山規制）が継続＞
１．火山活動の状況
　御嶽山では、本日（２６日）１１時５３分頃に噴火が発生しました。

山頂火口の状況は視界不良のため噴煙の高度は不明ですが、中部地方整備局が設置している滝越カメラでは南側斜面を噴煙が流れ下り、３キロメートルを超えるのを観測しています。１１時４１分頃から連続した火山性微動が発生し、現在も噴火が継続していると推測されます。

　１５時までの火山性地震及び火山性微動の回数（速報値）は以下のとおりです。

	火山性地震
９月２６日１１時	７９回
９月２６日１２時	１５９回
９月２６日１３時	３１回
９月２６日１４時	２３回

　噴火発生後も火山性地震の多い状態が続いています。
２．防災上の警戒事項等
　御嶽山では、火口から４ｋｍ程度の範囲では大きな噴石の飛散等に警戒してください。

　風下側では火山灰だけでなく小さな噴石（火山れき）が遠方まで風に流されて降るおそれがあるため注意してください。

　爆発的噴火に伴う大きな空振によって窓ガラスが割れるなどのおそれがあるため注意してください。

　今後、火山活動の状況に変化があった場合には、随時お知らせします。

　＜火口周辺警報（噴火警戒レベル３、入山規制）が継続＞

図 4-3　火山の状況と解説予報の例（御嶽山：平成 26 年 9 月 27 日 16 時 8 分）

火山に関する情報は気象庁だけでなく、各種機関が協力して行っており、内閣府のホームページにも情報がまとめられています。

（3）量的降灰予報

火山噴火に伴い空から降ってくる火山灰（降灰）は、その量に応じてさまざまな被害をもたらします。気象庁では、2008年3月31日から降灰予報として、噴火量の高さが3000m以上、あるいは噴火レベルが3相当以上の噴火などが発生した場合には、噴火発生から概ね6時間先までに火山灰が降ると予想される地域を発表しています。そして、2015年3月24日からは、降灰量分布や小さな噴石の落下範囲を予測するように改善しています（改善に先立ち、桜島については、モデルケースとして量的降灰予報が試験提供）。

量的降灰予報は、①「降灰予報（定時）」、②「降灰予報（速報）」、③「降灰予報（詳細）」の3種類の情報に分けて発表します。降灰予測計算には時間がかかるため、噴火発生後に計算を開始したのでは、噴火後すぐに降り始める火山灰や小さな噴石への対応に間に合いません。そこであらかじめ、噴火時刻や噴火規模（噴煙高）について複数のパターンで降灰予測計算を行い、計算結果を蓄積しておくことで、すばやい情報発表が可能となっています。また、降灰の影響ととるべき行動を降灰量ごとに整理した降灰量階級表も提供されています（図4-4、

図４－５）。降灰量階級表は、降灰量を、降灰の厚さによって「多量」「やや多量」および「少量」の３階級に区分し、それぞれの階級における「降灰の状況」と「降灰の影響」および「とるべき対応行動」が示されています。

（4）航空機向けの火山灰情報

大気汚染予報でもうひとつ重要なのが、飛行機のための情報提供です。

空中に浮遊する火山灰の中を飛行機が通過すると、機体にさまざまな損傷が生じて、事故の危険性があります。このため、世界の９か所に航空路火山灰情報センター（ＶＡＡＣ）が設けられています。カムチャツカ半島から東南アジアにかけての地域は、日本の気象庁が担当し、１９９７年３月３日から、航空路火

名称	表現例			影響ととるべき行動		その他の影響
	厚さ キーワード	イメージ		人	道路	
		路面	視界			
多量	1mm 以上【外出を控える】	完全に覆われる	視界不良となる	**外出を控える** 慢性の喘息や慢性閉塞性肺疾患（肺気腫など）が悪化し健康な人でも目・鼻・のど・呼吸器などの異常を訴える人が出始める	**運転を控える** 降ってくる火山灰や積もった火山灰をまきあげて視界不良となり、通行規制や速度制限等の影響が生じる	がいしへの火山灰付着による停電発生や上水道の水質低下及び給水停止のおそれがある
やや多量	0.1mm ≦厚さ≦ 1mm【注意】	道路の白線が見えにくい	明らかに降っている	**マスク等で防護** 喘息患者や呼吸器疾患を持つ人は症状悪化のおそれがある	**徐行運転する** 短時間で強く降る場合は視界不良の恐れがある 道路の白線が見えなくなるおそれがある（およそ 0.1 ～ 0.2mm で鹿児島市は除灰作業を開始）	稲などの農作物が収穫できなくなったり※、鉄道のポイント故障等により運転見合わせのおそれがある
少量	0.1mm 未満	うっすら積もる	降っているのがようやく解る	**窓を閉める** 火山灰が衣服や身体に付着する 目に入ったときは痛みを伴う	**フロトガラスの除灰** 火山灰がフロントガラスなどに付着し、視界不良の原因となるおそれがある	航空機の運航不可※

※富士山ハザードマップ検討委員会（2004）による想定

図 4-4　降灰量階級表

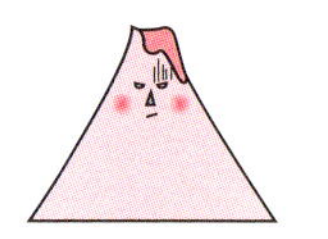

山灰情報を発表しています。この予報は、火山の場所が決まっており、火山観測から排出量が推定できるので、精度の高い数値予報が可能です。

航空機は、航空路火山灰情報センターの情報をもとに、迂回するために必要な燃料を余分に積んだり、あるいは安全のために欠航したりします。また、噴火の可能性がある火山近くの空港に着陸を予定している場合は、万一に備え、風上側にある空港に緊急着陸、あるいは出発空港に引き返すために必要な燃料を余分に

噴火前

噴火発生
0分

噴火直後
5~10分
火山の近くで降灰や
小さな隕石の落下が始まる。

噴火後
20~30分
噴火発生後、
10分程度で噴火が収まる。

火山から離れた場所で
降灰が始まる。

掃除が大変なの…

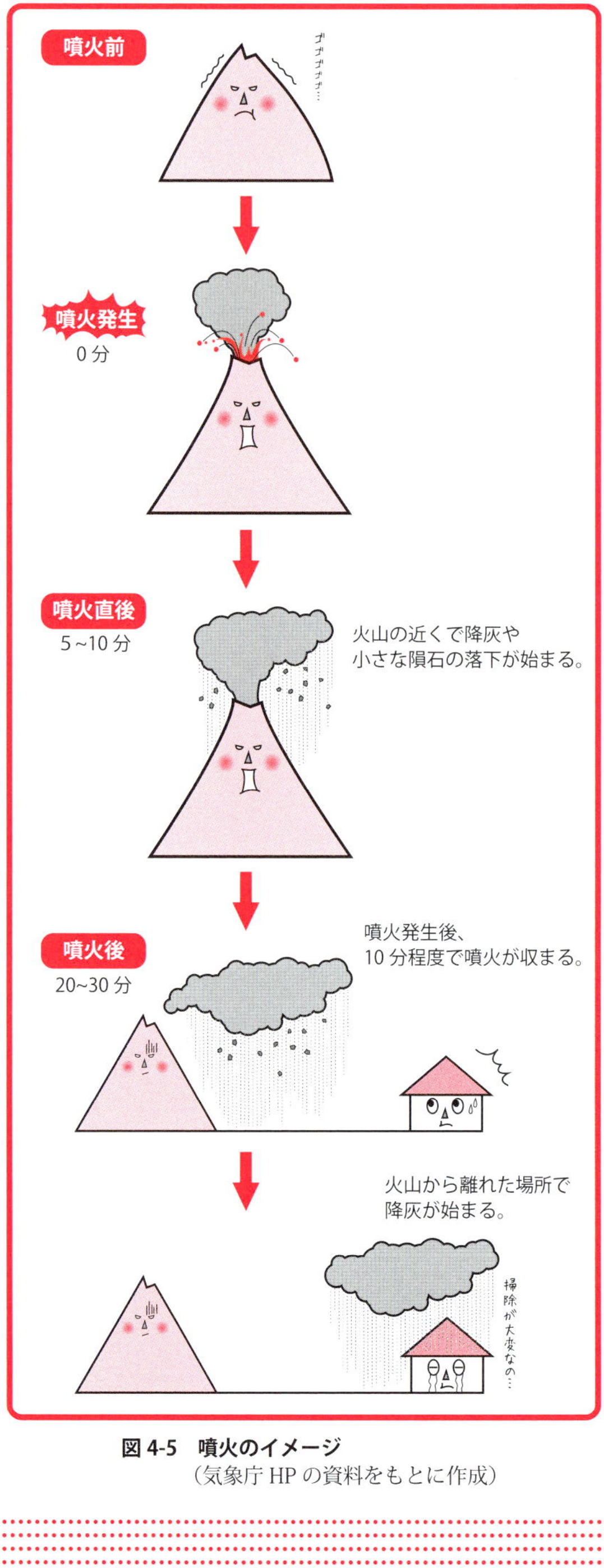

図4-5　噴火のイメージ
（気象庁HPの資料をもとに作成）

積んで出発しています。

２０１０年4月14日、アイスランドのエイヤフィヤトラヨークトル火山が噴火しました。噴出した火山灰が、ヨーロッパ大陸上空に広く滞留した結果、２週間以上にわたってヨーロッパ全域で多数の航空便が欠航し、社会的活動に支障をきたしました。日本でも２０１１年1月28日に、52年ぶりに宮崎県・霧島で噴火が起きましたが、空の運行は、航空機向け火山灰情報によって火山灰の飛散量や流れが伝えられ、その都度、予定通り鹿児島空港に向かう・福岡空港に変更する・運休、の判断を繰り返し、この方面の飛行機は全面欠航にならなくて済みました。

なお、東京航空路火山灰情報センター（東京ＶＡＡＣ）では、航空機に対して9月27日

図 4-6　御嶽山噴火による航空機の進路変更（噴火した 9 月 27 日と前日の 9 月 26 日の釧路空港から羽田空港までの日本航空 1148 便）

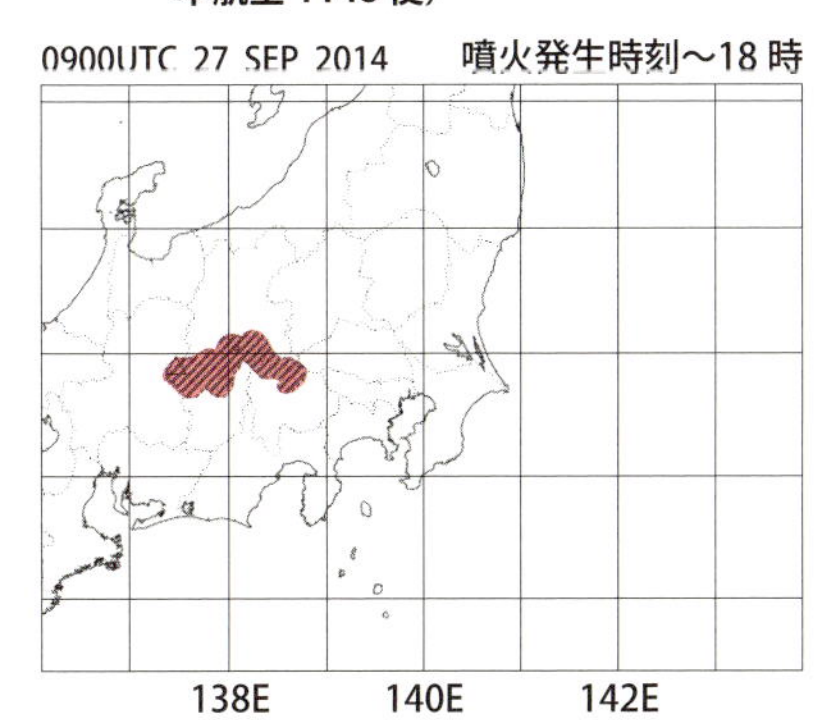

図 4-7　気象庁が 9 月 27 日 13 時 35 分に発表した 18 時までの御嶽山の降灰予測

11時56分に御嶽山の噴煙情報を発信し、これを受けて航空機は飛行経路を変更しています（図4-6）。気象庁地震火山部が13時35分に発表した18時までの降灰予報（図4-7）と比べてわかるように、安全を見込んで、御嶽山の噴煙を大きく迂回しての飛行でした。

4-2 デマに惑わされず的確な判断を

（1）噴火警戒レベルと特別警報

気象庁は、噴火災害軽減のため、平成19年12月より、全国110の活火山を対象として、観測・監視・評価の結果に基づき噴火警報・予報を発表しています。それまでは、火山情報（緊急火山情報、臨時火山情報、火山観測情報）が発表されていました。また、同時に、それまでの火山活動度レベルに代わって、噴火警戒レベルが運用されています。

噴火警報は、「警戒が必要な範囲」が火口周辺に限られる場合は「噴火警報（火口周辺）」（又は「火口周辺警報」）、「警戒が必要な範囲」が居住地域まで及ぶ場合は「噴火警報（居住地域）」（又は「噴火警報」）として発表し、海底火山については「噴火警報（周辺海域）」として発表します（図4-8）。これらの噴火警報は、報道機関、都道府県等の関係機関に通知されるとともに直ちに住民等に周知されます（図4-9）。噴火警報を解除する場合等には「噴火予報」を発表し

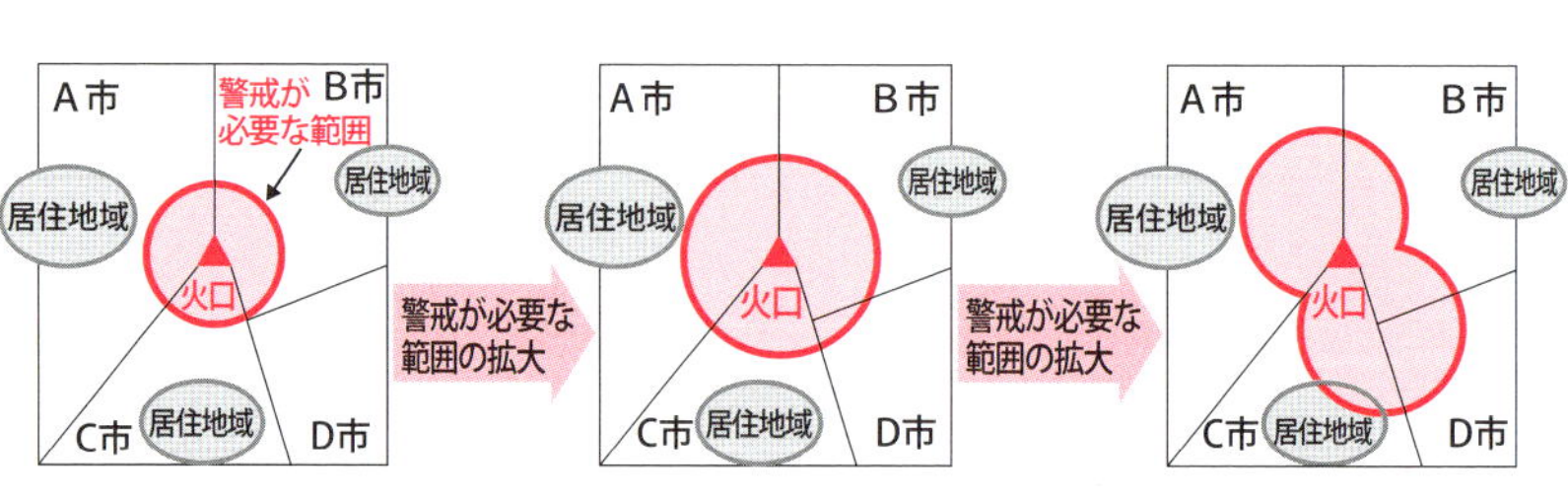

図 4-8　噴火警報と「警戒が必要な範囲」について（気象庁 HP より）

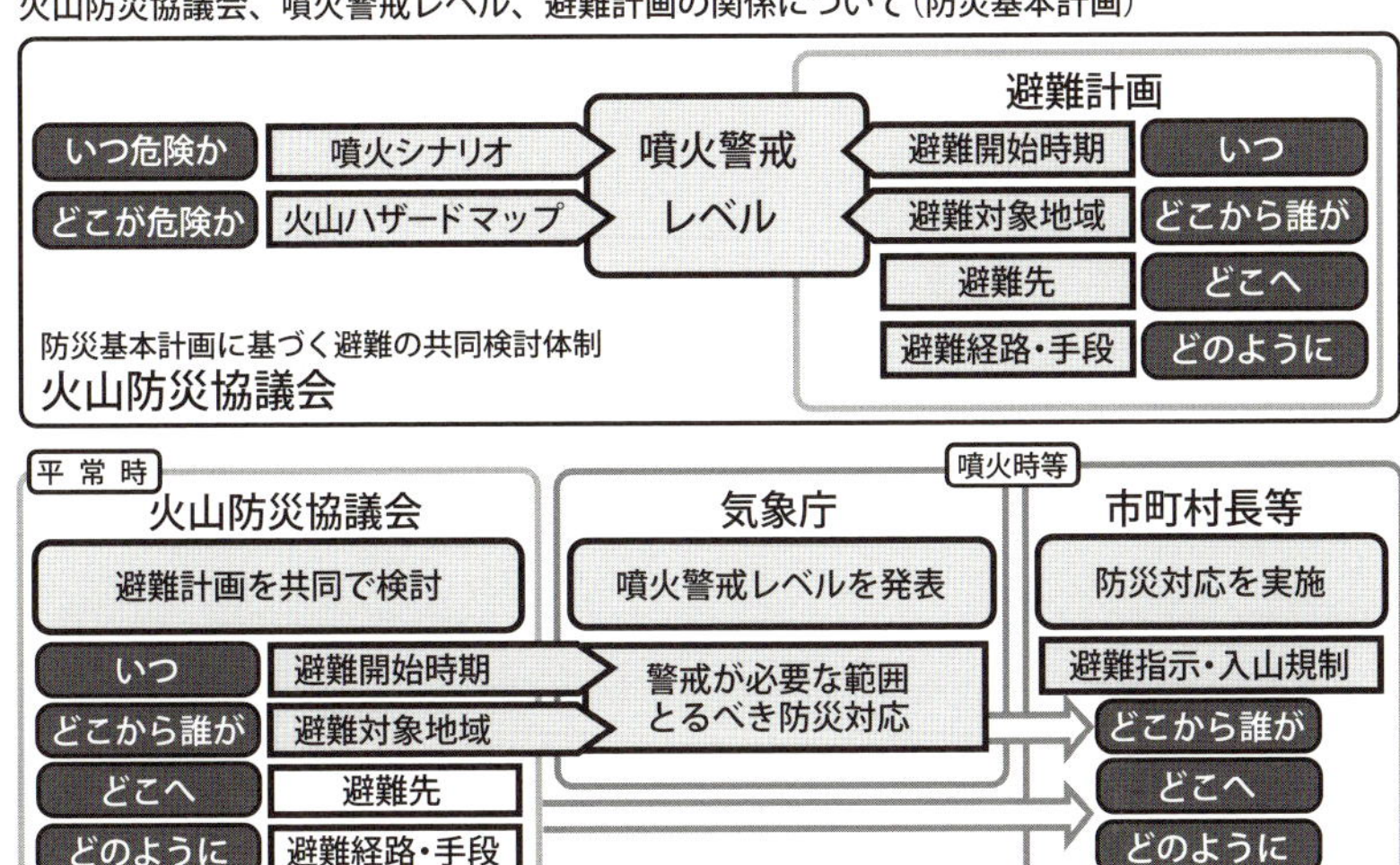

図 4-9　噴火警報の伝達

表 4-4　噴火警戒レベル

警報・予報	対象範囲	噴火警戒レベル	キーワード	住民等の行動（代表的なもの）	登山者・入山者への対応
噴火警報	居住地域、及びそれより火口側	レベル５	避難	危険な居住地域*からの避難等が必要	―
		レベル４	避難準備	警戒が必要な居住地域*での避難準備、災害時要援護者の避難等が必要	―
火口周辺警報	火口から居住地近くまで	レベル３	入山規制	通常の生活。状況に応じて災害時要援護者の避難準備等	登山禁止・入山規制等危険な地域への立入規制等
	火口周辺	レベル２	火口周辺規制	通常の生活	火口周辺への立入規制等
噴火予報	火口内等	レベル１	平常	通常の生活	特になし

（＊：地域防災計画等で定められている地域。ただし、火山活動の状況によって具体的な対象地域は、あらかじめ定められた地域とは異なることがある。）

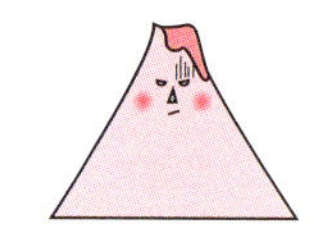

ます。なお、「噴火警報（居住地域）」は、特別警報に位置づけられています（表4-4、表4-5）。

また、噴火警戒レベルが運用されている火山では、平常時のうちに地元の火山防災協議会で合意された避難計画等に基づき、気象庁が噴火警戒レベルを付して噴火警報・予報を発表し、地元の市町村等の防災機関は入山規制や避難勧告等の防災対応を実施します。

噴火警戒レベルは、火山活動の状況に応じて「警戒が必要な範囲」と防災機関や住民等の「とるべき防災対応」を5段階に区分して発表する指標です。

国全体の火山防災の基本方針を定めた防災基本計画（火山災害対

表 4-5　噴火警戒レベルが設定されていない火山と海底火山

（1）噴火警戒レベルが設定されていない火山

警報・予報	対象範囲	警戒事項等	キーワード
噴火警報（居住地域）又は噴火警報	居住地域、及びそれより火口側	居住地域及びそれより火口側の範囲における厳重な警戒	居住地域厳重警戒
噴火警報（火口周辺）又は火口周辺警報	火口から居住地近くまでの広い範囲の火口周辺	火口から居住地近くまでの広い範囲の火口周辺における警戒	入山危険
	火口から少し離れた所までの火口周辺	火口から少し離れた所までの火口周辺における警戒	火口周辺危険
噴火予報	火口内等		平常

（2）海底火山

警報・予報	対象範囲	警戒事項等	キーワード
噴火警報（周辺海域）	周辺海域	海底火山及びその周辺海域における警戒	周辺海域警戒
噴火予報	直上		平常

策編）と「噴火時等の避難に係る火山防災体制の指針」に基づき、各火山の地元の都道府県等は、火山防災協議会（都道府県、市町村、気象台、砂防部局、火山専門家等で構成）を設置し、平常時から噴火時の避難について共同で検討を行っています。火山防災協議会での共同検討の結果、火山活動の状況に応じた避難開始時期・避難対象地域が設定され、噴火警戒レベルに応じた「警戒が必要な範囲」と「とるべき防災対応」が市町村・都道府県の「地域防災計画」に記載されます（図４-10）。なお、ここでいう「火口」は、噴火が想定されている火口あるいは火口が出現しうる領域（想定火口域）を意味します。あらかじめ噴火場所（地域）を特定できない伊豆東部火山群等では「地震活動域」を想定火口域として対応します。

噴火警戒レベルは、「火山防災のために監視・観測体制の充実等が必要な火山」として火山噴火予知連絡会によって選定された47火山のうち、30火山（平成25年7月現在）で運用されています。今後、このほかの火山も含め、地元の火山防災協議会における避難計画（いつ・どこから誰が・どこへ・どのように避難するか）の共同検討を通じて、噴火警戒レベル（いつ・どこから誰が避難するか）の設定や改

図 4-10　火山防災協議会、噴火警戒レベル、避難計画の関係について（防災基本計画）

善を地元の気象台を含む関係機関が共同で進めていきます。

（2）火山災害に対する特別警報の難しさ

気象庁では、2014年9月27日12時36分に御嶽山の噴火警戒レベルを、レベル2の火口周辺規制を飛び越え、レベル3の入山規制に引き上げています。噴火警戒レベル3は、平成10年に噴火警戒レベル運用開始から初めてのことです。また、16時08分の解説情報では、火口から4km程度の範囲では大きな噴石の被災等に警戒を呼びかけています。

しかし、噴火警戒レベル3では、特別警報には該当しません。大きな被害が発生しましたが、火口付近だけの小規模な噴火であるからです。1979年10月28日の水蒸気爆発は、ほぼ同じ場所での噴火でしたが、晩秋で登山者が約50名と少なく、被害は1名の負傷者だけでした。災害の大きさはいろいろな要因によって変わり、噴火規模の大きさとはリンクしていませんが、特別警報が発表される噴火警戒レベル4以上では、必ずといっていいほど、甚大な被害が発生します。

2015年8月15日、気象庁は桜島に噴火警報を発表し、噴火警戒レベルを、レベル3（入山規制）からレベル4（避難準備）に引き上げました。つまり、口永良部島に続いて、2回目の火山に関する特別警報の発表です（第1章参照）。桜島では、15日7時頃から島内を震源とする地震が多発し、傾斜計および伸縮計

火山の特別警報が難しいのは、火山の一生と人間の一生は、時間スケールが全く違うからなのです。火山にとって、1年間のできごとは一瞬ですが、人間が避難生活で過ごす1年は非常に長いので、特別警報が正確だったとしても、その利用は難しいのです。

の観測で山体膨張を示す急激な地殻変動が観測されたことなどから、昭和火口および南岳山頂火口から3㎞以内（桜島の山頂からほぼ海岸部まで）では、噴火に伴う弾道を描いて飛散する大きな噴石や火砕流など、重大な影響を及ぼす噴火が切迫していると考えたためです。また、風下側では降灰および風の影響を受ける小さな噴石（火山れき）や、降雨時には土石流にも注意を呼びかけています。その後、2015年9月1日には、火山性地震が急激に減少していたことから桜島の噴火警戒レベルが3の入山規制に引き下げられました。桜島のハザードマップ（図4-11）には、桜島が噴火した場合にはどのようなことが起きるのか、その場合にはどのような行動をとるかがきめ細かく記載されています。そして、気象庁をはじめ、各機関のさまざまな観測装置が島内に配置されており、これらのデータは全て気象庁に集められています（図3-33参照）。気象庁では、常時監視を行い、少しでも異常を感じたら警報などを発表しています。

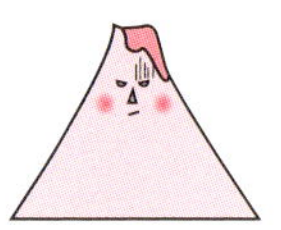

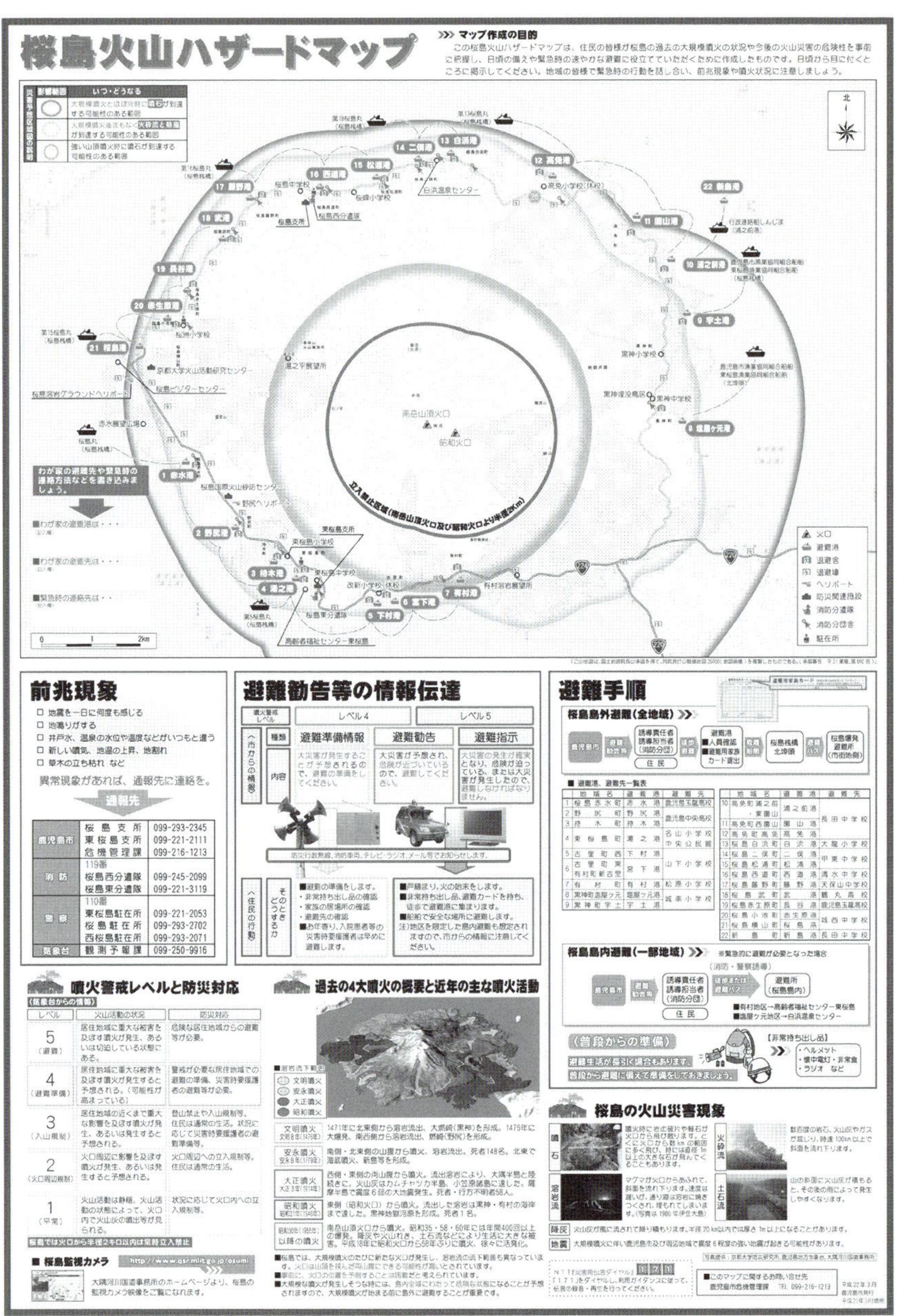

図 4-11　桜島火山ハザードマップ

4-3 火山噴火時の知恵袋

(1) 火山からの距離で対応が違う

噴火災害への対策は、噴火している火山からどのくらい離れている場所に住んでいるかによって異なります。火山噴火はどこでも起きるものではありません。マグマは、岩盤の割れ目など、上昇しやすいところから上昇してきます。昔、マグマが通ったところは岩盤が弱くなっているところですので、同じような場所から噴火が起きやすいといえます。地震と違い、マグマが小さな隙間を押し分けて上昇するときは、地震や微動等の前兆現象がありますので不意打ちはありません。

火山近くに住む人は、噴石や火砕流などにより危険との情報があったら迅速に避難するしかありません。しばらくたってから戻れるという保証はありませんが、何かを持ち出そうとして逃げ遅れては、もともこもありません。とはいえ、津波のように、一秒を争って危険が迫るというものではありませんし、この段階では各種防災機関もマスメディアも普段通りの機能を有しています。情報をしっかり入手し、自治体が発令する避難指示や避難勧告にしたがって落ち着いて行動をとる必要があります。ただ、人が住んでいるところまで被害が出そうな大規模な火山の噴火はめったにありません。日頃からハザードマップなどを見て、自分

火山噴火時には、とにかく火山から遠ざかるという避難が第一で、そのときは火山灰に注意しながら避難してください。現象は違いますが、花粉症対策や PM2.5 対策などが応用できます。

の住んでいるところは、火山によってどのような危険性があるのかを知っておく必要がありますが、火山近くに住んでいるからといって、むやみに不安がることはありません。第4章1－1で鹿児島市の説明をしたように、ほとんどの生活は、火山と共存して生きてゆけば良いのです。

ただ、火山灰については、火山近くに住む人だけでなく、火山から離れて住んでいる人でも注意が必要です。噴火の規模が大きければ火山からかなり離れていても降灰等が飛んできます。噴火が数日で終わる場合もありますが、何年にもわたって続く場合もありますので、地震被害の場合より長い間つきあう場合があります。短時間に火山灰を吸い込んだ程度では、健康への影響は考えなくて大丈夫といわれていますが、それでも、気管支炎など呼吸器系の病気のある人は症状が悪化するおそれもあるため対策が必要です。

これに対し、火山に登山するときは、遭難や滑落等に注意するとともに、火山についての最新情報を入手する必要があります。気象庁では、御嶽山の噴火被害をきっかけに、登山者等に噴火の発生をいち早く伝える噴火速報の発表を開始しています。登山前には山の情報を入手し、山で異変を感じたらすぐ下山が必要です。噴石が飛んできたら、すぐに避難小屋（シェルター）や岩陰に避難してください。めずらしい現象だからといってブログ用の写真を撮っていると逃げ遅れます。主な火山のうち、避難小屋が設置されているのは、有珠山、浅間山、阿蘇

山、桜島など25％ほどしかありませんが、例えば、阿蘇山では、中岳火口周辺には30人が収容可能な丈夫な退避壕が9つ建てられています（図4-12）。避難小屋がない山が多いのですが、避難小屋があっても長居をする場所ではありませんので、安全なうちに火口からできるだけ遠くに離れましょう。これについては、（4）で詳しく説明します。

（2）いろいろなタイプのハザードマップ

災害による被害を予測し、被害が予想される地域を示したハザードマップは、いろいろなところでその効果が実証されています。ここでは、有珠山と富士山の火山防災マップを紹介しますが、その他の山についてもハザードマップが作られ、また、目的別にいろいろな種類のものが作られ、インターネット等で公表されていますので、普段から、住んでいる場所に近い山について、インターネットで検索をかけることを心がけましょう。

図4-13、図4-14は、有珠山のハザードマップで、2002年2月、伊達市と有珠山周辺の洞爺湖町・壮瞥町・豊浦町が共同で作成したものです。この防災マップは、次回の噴火で被害が予想される地域を示したもので、山頂噴火時や山麓噴火時それぞれの「危険区域予測図」のほか、避難するときの注意点などを掲載しています。

図4-12　阿蘇山の避難壕（写真：阿蘇市）

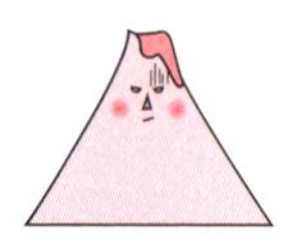

図 4-13　有珠山の火山防災マップ（表面）（伊達市）

有珠山のこれまでの噴火

　有珠山は、長い休止期間の後に噴火活動を再開した1663年噴火から2000年の噴火まで、8回の噴火を繰り返してきました。そして、噴火の場所や規模、災害の種類も色々な場合がありました。たとえば、有史最大の火砕流といわれる文政の噴火では、山頂で発生した火砕流・火砕サージが全方向に広く拡がりました。昭和新山のような山麓噴火の場合でも火砕サージが発生し、その範囲は幅1.5km程度でした。また、降灰の分布も噴出物の量や気象の状況によって変化しています。

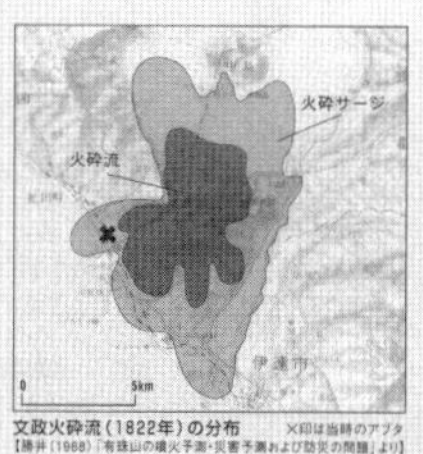

文政火砕流（1822年）の分布　×印は当時のアブタ
【勝井（1988）「有珠山の噴火予測・災害予測および防災の問題」より】

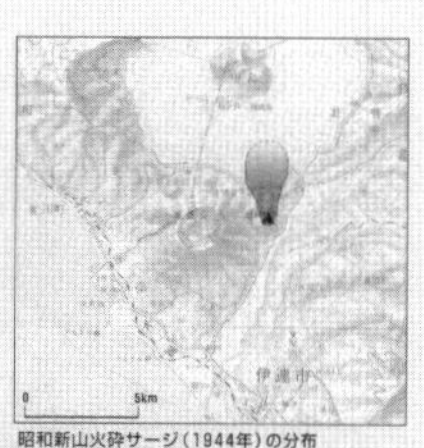

昭和新山火砕サージ（1944年）の分布
【三松（1993）「昭和新山生成日記・復刻増補版ー」より推定】

●有珠山の噴火史

期	年代	休止期間	前兆地震継続期間	噴火地点	噴出物など	生じた山体	災害その他
外輪山形成期	1.5万年－2万年前			山頂	有珠外輪山溶岩	成層火山	
				東麓	ドンコロ山スコリア	ドンコロ山スコリア丘	
	7,000－8,000年前			山頂	善光寺岩屑なだれ	外輪山（山体崩壊）	流れ山地形、津波
休止			数千年				
新期活動	1663（寛文3）	106年	3日	山頂	降下軽石 降下火山灰・火砕サージ	小有珠溶岩ドーム ↓ ?	多量の火砕物降下で家屋埋積・焼失・死者5名
	1769年（明和5）	52年	地震発生期間不明	山頂	降下軽石・火山灰 明和火砕流		火砕流で南東麓の家屋火災
	1822（文政5）	31年	3日	山頂	降下軽石・火山灰 文政火砕流	オガリ山潜在ドーム	火砕流で南西麓の1集落全焼、死者82名、負傷者多数、集落移転
	1853（嘉永6）	57年	10日	山頂	降下軽石・火山灰 嘉永火砕流	大有珠溶岩ドーム	住民避難、赤く光るドーム出現
	1910（明治43）	33年	6日	北麓	降下火山灰 火口噴出型熱泥流	明治新山潜在ドーム	火砕物降下で山林・耕地に被害、火口噴出型熱泥流で死者1名
	1943－45（昭和18－20）	32年	6ヶ月	東麓	降下火山灰・火砕サージ	昭和新山溶岩ドーム	火砕物降下・地殻変動で災害、幼児1名窒息死
	1977－78（昭和52－53）	22年	約32時間	山頂	降下軽石・火山灰 降雨型泥流・火砕サージ	有珠新山潜在ドーム	火砕物降下・地殻変動・泥流で市街地・耕地・山林等に被害、降雨型泥流で死者・行方不明者3名
	2000（平成12）		約4日	西麓	降下軽石・火山灰 火口噴出型熱泥流 火砕サージ	潜在ドーム	地殻変動、火口噴出型熱泥流、噴石により国道230号、道央道、鉄道、市街地建物に被害、死者・負傷者なし

＊参考文献：勝井（1988）「有珠山の噴火予測・災害予測および防災の問題」、曽屋ほか（1981）「有珠火山地質図」、大臼山焼崩日記

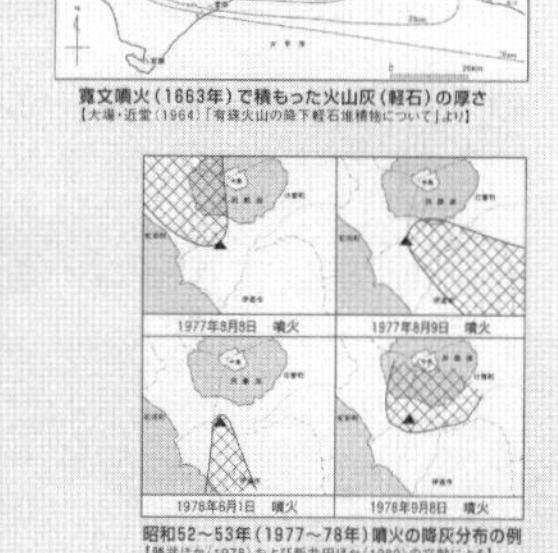

寛文噴火（1663年）で積もった火山灰（軽石）の厚さ
【大場・近堂（1964）「有珠火山の降下軽石堆積物について」より】

1977年8月8日　噴火
1977年8月9日　噴火
1978年8月1日　噴火
1978年9月8日　噴火

昭和52～53年（1977～78年）噴火の降灰分布の例
【勝井ほか（1978）および新井田ほか（1980）の文献による】

有珠山の噴火と避難のポイント

　2000年噴火は山麓で発生しました。幸いにも今回の噴火では火砕流による大きな被害はありませんでしたが、"山麓噴火"でも被害が人家までおよぶような火砕流が発生する可能性があります。また、噴火口が次々と移動することが起こります。

　洞爺湖岸周辺や水中（湖底）で噴火が起こった場合、マグマが水と接触して激しい爆発が起きて、火砕サージが発生することもあります。

　一方"山頂噴火"では、噴火が始まって早い時期に、有珠山の四方に向かって同時に火砕流が流れ下ることもあります。噴火が山頂で起こるかどこで起こるかわからないので、2000年噴火のときと同じように、まずは噴火が始まる前に避難することが絶対に必要です。

　大規模な火砕流や岩屑なだれが洞爺湖に流れ込んだり、大地震や湖岸の大崩壊が起こった場合、あるいは湖底で激しい噴火が発生した場合には、湖岸一帯を津波が襲うことも忘れないでください。

　お年寄りや赤ちゃん、体の不自由な方は、みんなで協力して先に避難させてあげることが必要ですね。

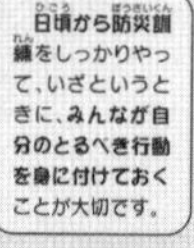

　日頃から防災訓練をしっかりやって、いざというときに、みんなが自分のとるべき行動を身に付けておくことが大切です。

　有珠山での地震多発は必ず噴火につながると考えて、早めに避難の準備をすることが大事です。役場からの正しい情報と指示を聞いてください。避難が遅くなると車が渋滞することがあります。

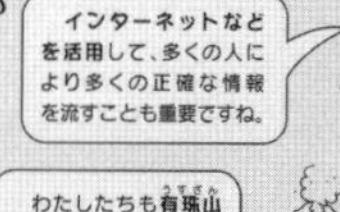

　避難生活が長くなることを考えて、農作物や家畜、ペットのことも考えておかないといけないわね。

　インターネットなどを活用して、多くの人により多くの正確な情報を流すことも重要ですね。

　学校や病院、福祉施設では、教材やカルテなどの持ち出しのことも日頃から考えておかないと。

　大きな噴火になったら、避難場所から別の安全な避難場所に移動することもあるのね。身元を確認するカードなどを作ることも必要ね。

　わたしたちも有珠山のことをもっと勉強しなくちゃ。

有珠山火山防災マップについてのお問い合わせ先

- 伊達市／防災対策室……………………0142-23-3331
- 虻田町／有珠山噴火災害復興対策室…0142-76-2121
- 壮瞥町／総務課……………………0142-66-2121
- 豊浦町／企画調整課…0142-83-2121
- 洞爺村／総務課………0142-82-5111

平成14年2月作成
監　修　北海道防災会議地震火山対策部会火山対策専門委員会
製　作　国際航業株式会社
写真提供：宇井忠英・三松正夫記念館・大森房吉・岩村専太郎・北海道・国際航業㈱

図 4-14　有珠山の火山防災マップ（裏面）（伊達市）

図4-15、図4-16は、富士山の観光客用の火山防災マップ、図4-17は富士山の防災業務用の火山防災マップの概要です。

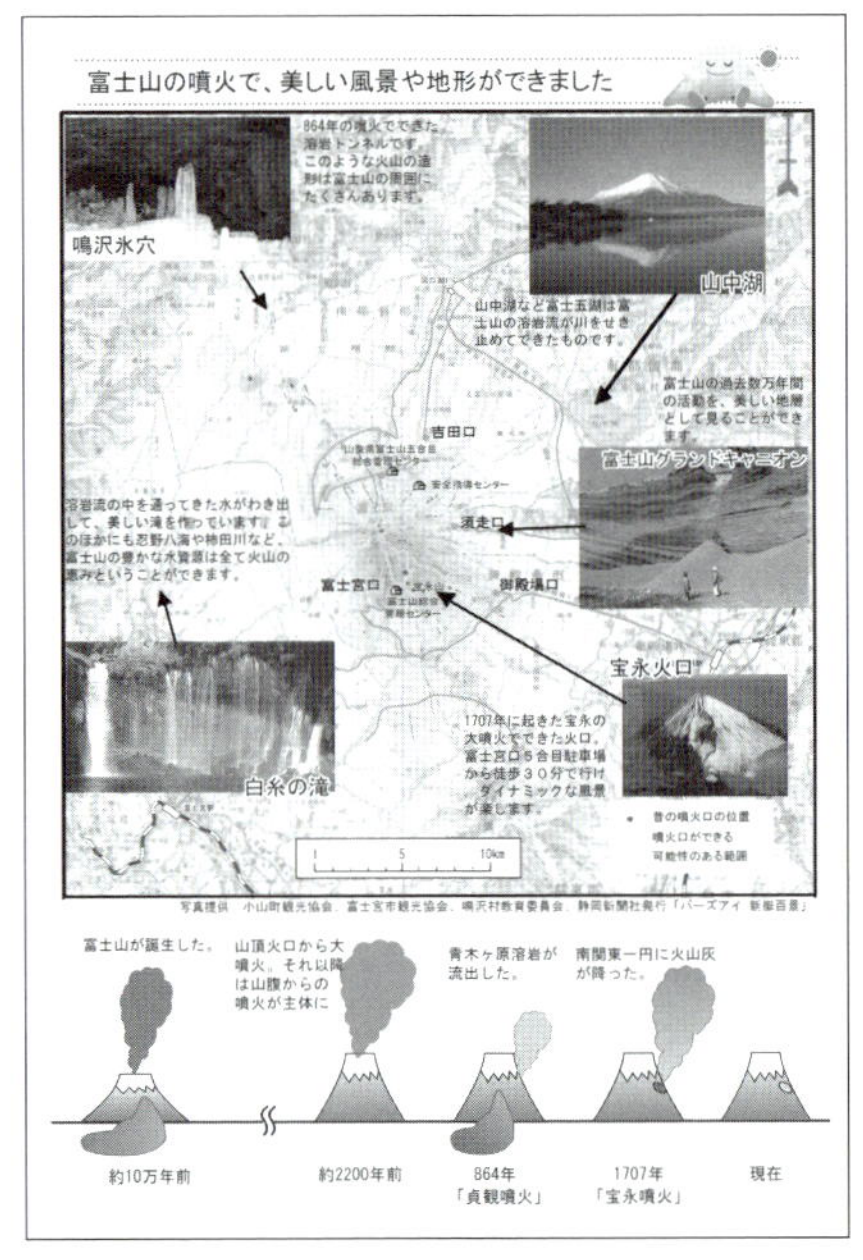

図4-15　富士山の火山防災マップ（観光客用、表面）（内閣府 HP より）

図4-16　富士山の火山防災マップ（観光客用、裏面）（内閣府 HP より）

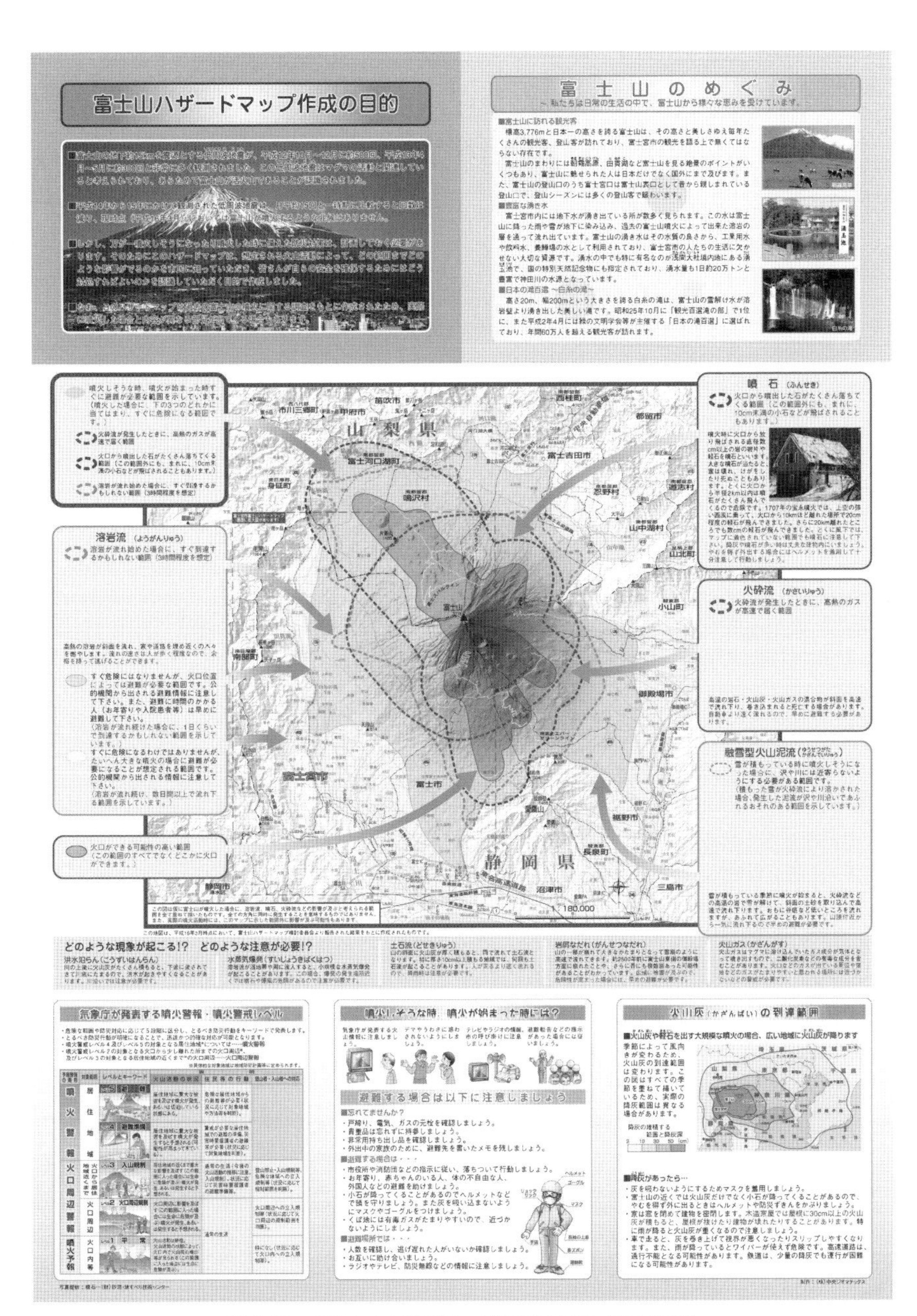

図 4-17　富士山火山防災マップ作成の目的（富士宮市）

（3）避難行動時の服装や持ち物

火山が噴火したときの避難行動の服装や持ち物については、基本的には他の災害時のときと同じです。避難行動は、火口から離れることに主眼がおかれますが、火口に近い場所では噴石の直撃から身を守るためにヘルメットなどが必需品となります。避難行動中で一番問題となるのは火山灰対策です。広い範囲で火山灰が降る中での避難行動となる可能性が高いので、呼吸器を守る防塵マスクや目を守る防塵メガネ（ゴーグル）が必需品です。この３つを重点的に集めた噴火防災グッズ（図４-18）も販売されています。この他、火山灰で目を傷つけないよう、コンタクトレンズは外し、目を洗うための水も必要です。火山灰は物を燃やしたときに出るような灰ではなく、細かいガラスのように角張っていますので、火山灰が目に入った場合、目を傷つけないため、こすらず、顔全体を水で洗って火山灰を落とす必要があるからです。これらがない場合でも、普通のマスクやハンカチで、灰が口や鼻への侵入を少しでも減らすという考えが大切です。また、灰が降ってくるときには雨傘や日傘、帽子も有効ですが、雨が降ってくるときは、灰と雨が一緒になり、泥のようになって降ってきますので覚悟が必要です。できれば、白っぽい服や黒っぽい服、半袖など肌の露出が多い服は避けたほうが無難です。

火山灰対策の３つのグッズ

①ヘルメット

②防塵マスク

③防塵メガネ

（4）登山中に火山噴火に遭遇したら

日本の山の多くは火山に関係している山です。２０１４年の御嶽山噴火（第１章参照）が起きたときに、どうすれば良いのでしょうか。御嶽山噴火の犠牲者の多くは、噴石が直撃したことによる「損傷死」でした。新幹線並のスピードで飛んでくる噴石は、小さな石でも、当たっただけで生命にかかわります。また、火山灰によって真っ暗な中を移動せざるを得なくなっています。このようなことから、登山では重たい荷物やかさばる荷物は持たないという原則はありますが、頭を守るヘルメット、頭につけて周囲を照らすヘッドライト、火山灰が目に入らないようにする花粉よけメガネ（水泳のゴーグル）などを持参すれば、登山時の火山噴火に対する備えになります。火山噴火は非常にまれにしか起きない現象で、登山のたびにこの準備をするのは大変と考え、結局何もしないというのは問題です。火山噴火と関係なくても、登山中に落石が多い場所があったり、砂が舞い上がる場所があったり、あるいは、道に迷って夜になってしまったら、これらのグッズは役立ちます。また、リュ

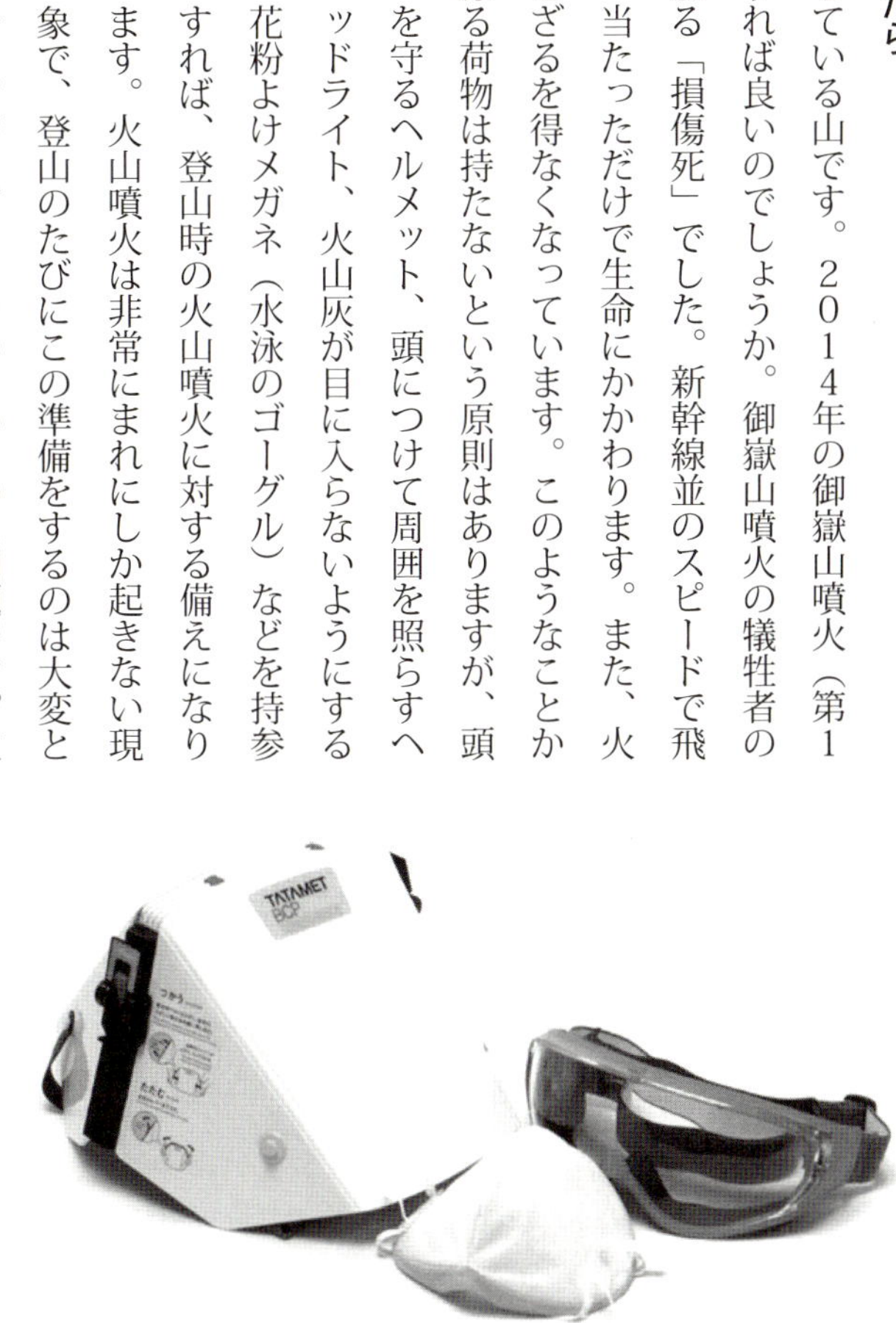

図 4-18　登山や観光時の防災対策セットの例（写真：シーノン株式会社）

ックなどをヘルメットの代用に使うなど、知恵の準備も大事です。ただ、最も大事なのは、安全に登山を楽しむ3つの一般的な基本的な注意事項を守ることです。火山云々ではありません。

①登山マップを持参する。

登山プランを作るときには、いろいろな登山マップを用いて楽しい計画を作るかと思います。このときの登山マップを山に持参しましょう。登山中の休憩時に、取り出して見直すことで、登山がより味わい深いものになるでしょう。個人的には、行き当たりばったり山へ行くのは問題と考えていますが、百歩譲って、そうであっても登山マップは持参しましょう。登山マップには、避難小屋（シェルター）や山小屋等の位置が記入してあり、万が一の場合、スムースに避難することができます。火山弾の直撃を想定していない建物でも、屋外にいるより、確実に噴石直撃による被害を軽減できます。

②登山直前に情報入手

登山前に気象情報を入手する人が多いと思いますが、あわせて、気象庁の噴火警報の発表情報などをチェックしましょう。気象庁では、火山の監視を行っています。この監視の状況を確認することで、事前に危険性を予測できます。図4-19は、気象庁HPにある現在の火山に関する警報です。気象庁では2015年8月4日から噴火が発生した事実を迅速（5分以内）、端的かつ的確に伝え、命

安全に登山を楽しむ３つのポイント

①登山マップ持参

②情報入手

③登山届け提出

を守るための行動がとれるように、常時観測をしている47の火山について、噴火速報を発表しています。図4-20は、気象庁ホームページにおける噴火速報の表示のページです。何もないときには、このような画面表示ですが、噴火速報が発表されているときは、図4-21のような形の噴火速報が表示されます。噴火速報の開始時点では、気象情報を提供するヤフーと日本気象の2社が無料で噴火速報を配信しています（専用のアプリが必要です）。

③必ず登山届けを提出

山では、どのようなことが起きるかわかりません。火山の危険性より、事故やトラブルに合う可能性のほうがずっと多いのです。登山するときには、必ず登山届けを提出しましょう。届け出は、登山口に設置してある登山届けを入れる箱に必要事項を書いて入れるだけですが、この登山届けの提出があれば、何かあったときに救助隊がすばやくかけつけることができます。つまり、ちょっとの手間

最新の警報・予報の発表状況（関東・中部地方）

噴火警報・予報	キーワード	火山名	発表日時
噴火警報(火口周辺)	噴火警戒レベル3(入山規制)	箱根山	平成27年06月30日12時30分
噴火警報(火口周辺)	噴火警戒レベル2(火口周辺規制)	御嶽山	平成27年06月26日17時00分
噴火警報(火口周辺)	噴火警戒レベル2(火口周辺規制)	浅間山	平成27年06月11日15時30分
噴火警報(火口周辺)	噴火警戒レベル2(火口周辺規制)	草津白根山	平成26年06月03日18時00分

現在の警報事項（関東・中部地方）

図4-19　気象庁HPにある現在の火山に関する警報
（http://www.jma.go.jp/jp/volcano/map_0.html）

で、あなたの命を守る働きをするのです。

　登山中に目の前で噴火したら、とにかく安全な場所に逃げるしかありません。火山灰が降ってくる前に、火口から離れるように避難小屋や山小屋をめざします。そこに到達できなければ、大きな岩陰にかくれうずくまりましょう。噴石の直撃の可能性を減らすためです。また、頭と背中に噴石が当たると致命傷になりますので、リュックで頭・背中を隠して、しゃがみましょう。死ぬところが重症に、重症が軽傷になるなど、助かる可能性が高くなるということです。火山灰が降ってくると、火山灰を吸い込んで息が苦しくなりますので、タオルやマスクで火山灰を吸わないようにする必要があります。また、目に入ると逃げづらい状況に陥りますので、可能な限り風下から逃れる方向に移動します。

気象庁
Japan Meteorological Agency
本文へ　ENGLISH　ご意
ホーム　防災情報　各種データ・資料　知識・解説
ホーム ＞ 防災情報 ＞ 噴火速報

噴火速報

印刷　再読込
過去に発表した噴火速報　最新の噴火警報・予報一覧　噴火警報（地図形式）　火山の状況に関する解説情報
説明へ

最近１ヶ月に発表された噴火速報はありません。

噴火速報は、登山者等、火山の周辺に立ち入る人々に対して、命を守るための行動が
取れるよう、噴火の発生を知らせる情報です。
各火山の最新の噴火速報を表示しています。噴火速報は、過去1ヶ月以内に発表され
た最新のものを表示しています。過去に発表された噴火速報については、左上の「過去
に発表した噴火速報」のページを参照してください。

図 4-20　気象庁 HP における噴火速報の表示（噴火速報が始まった平成 27 年 8 月 4 日）（http://www.jma.go.jp/jp/funkasokuho/index.html）

火山名　○○山　噴火速報
平成△△年△△月△△日△△時△△分　気象庁地震火山部発表
＊＊（見出し）＊＊
<○○山で噴火が発生>

＊＊（本文）＊＊
　○○山で、平成△△年△△月△△日△△時△△分頃、噴火が発生しました。

図 4-21　噴火速報の例（気象庁 HP）

（5）積もった灰の処理方法（火山灰の性質）

積もった火山噴火に伴う灰の除去には、桜島による火山灰の除去を行いながら生活を続けている鹿児島市の例が参考になります。鹿児島市には、桜島を築山に、錦江湾を池に見立てるという雄大な景観を誇る庭園があります。２０１３年10月に、仙巌園と呼ばれるこの庭園を訪れたとき、克灰袋と次のような説明文がありました。

『克服袋は、桜島の火山活動による降灰を各家庭で集め、回収してもらうための専用の袋で、降灰の予想される地域の家庭へ4月から5月に事前配布され、その他地域については降灰の状況に応じて臨時配布が行われております。鹿児島市内には「克灰袋」の指定置場は約６２００箇所あり、回収された克灰袋は市内３箇所の土捨場に持っていかれます。以前は「降灰袋」という名称だった「克灰袋」。１９９１年から名称を「克灰袋」に変更しました。これには理由があります。受身的な印象を感じさせる「降灰袋」から、降灰に強い快適な都市を目指し、積極的に降灰を克服しようという意欲が示されているのです。』（図4-22、図4-23）

桜島の上空の風は西風が多いので、一般的には、桜島の西側にある鹿児島市の市街地より東側の大隅半島のほうが降灰量が多いといえますが、桜島の周囲はどこでも風向きによって降灰があります。鹿児島市民は、降灰があったときは、各

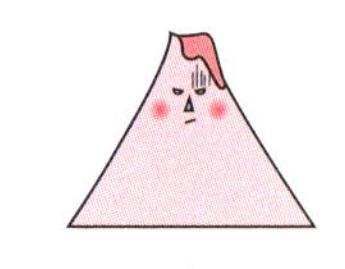

家庭に常備してある竹ほうきと角シャベルを使って砂を集め、克灰袋（ない場合はレジ袋を二重にして使用）に12kg程度詰め込んで、宅地内降灰指定置場に運びます。克灰袋には、20kg程度まで灰が入るのですが、これだけ入れると、指定置場まで運ぶのが大変だからです。集められた火山灰は、最終的には廃棄物処理場などで埋め立てられています。

２０１２年に内閣府が作った資料によると、火山灰（図4-24）は、「廃棄物の処理及び清掃に関する法律」における「廃棄物」には該当しませんが、「海洋汚染防止法」における「廃棄物」に該当します。このため、海洋への廃棄は原則禁止です。ただ、東日本大震災時に腐敗水産物を海洋廃棄した事例があるように、大規模火山噴火に伴い大量の降灰があった場合などにおいては、緊急に処理することが必要と環境大臣が判断した場合にかぎりますが、火山灰の海洋への廃棄が認められる可能性があるとのことです。つまり、現時点において、火山灰は「捨て土」扱いで処理されているのですが、

図 4-22　鹿児島市仙厳園の克灰袋（著者撮影）

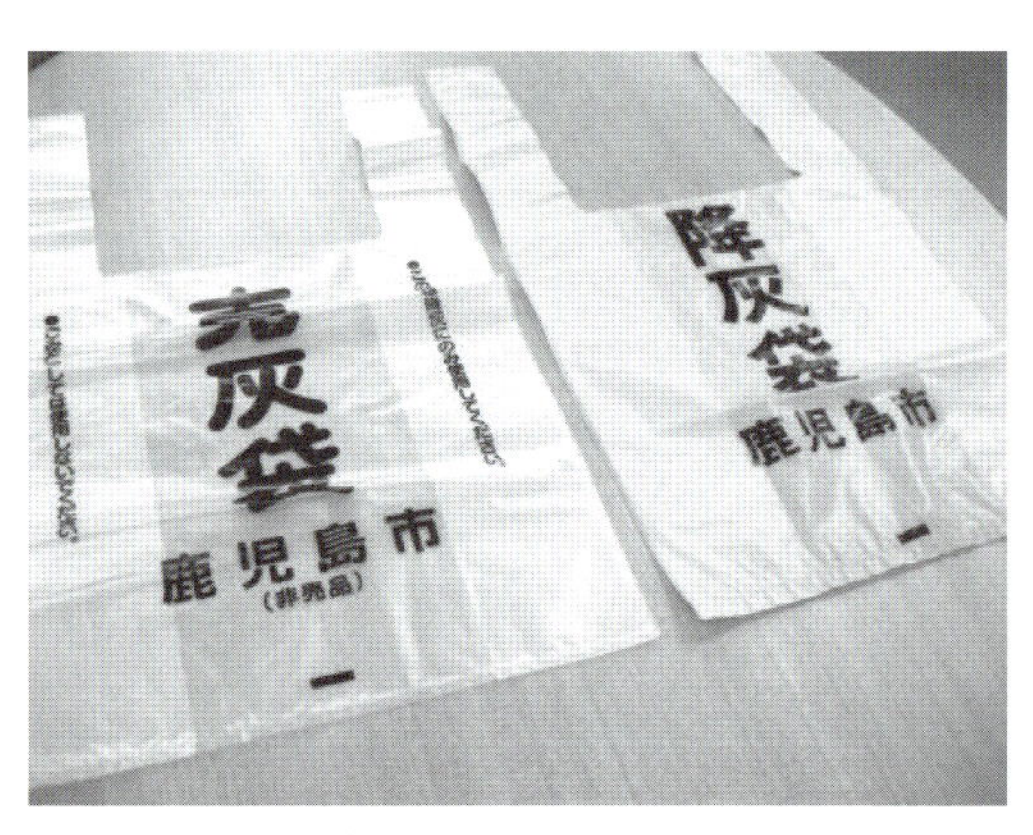

図 4-23　克灰袋（写真：鹿児島市役所環境衛生課）

47火山の周辺にある１６０市町村のうち、内閣府が行った調査に回答した１４３市町村についてみると、火山灰の仮置き場を確保した市町村が20、最終処分場を確保した市町村が13しかありません。火山灰を捨て土として扱うにしても、その場所については、どの自治体も苦労していることが、この低い数字にあらわれていると思います。

○粒子径が 2mm より小さな火山噴出物（火砕物）で 2mm~0.063mm を砂、0.063mm 以下をシルトと呼ぶ
○マグマが噴火時に破砕・急冷したガラス片・鉱物結晶片
○亜硫酸ガス（SO_2）、硫化水素（H_2S）、フッ化水素（HF）等の火山ガス成分が付着している
○水に濡れると硫酸イオンが溶出する
○乾燥した火山灰粒子は絶縁体であるが、水に濡れると硫酸イオンにより酸性を呈し、導電性を生じる
○硫酸イオンは金属腐食の要因となる
○PH は、4~5 程度で酸性を示し、火山ガス成分に影響される（桜島、雲仙普賢岳）
○溶出した硫酸イオンは火山灰に含まれるカルシウムイオンと反応し、硫酸カルシウム（石膏）となる。そのため湿った火山灰は乾燥すると固結する
○火山灰粒子の融点は、一般的な砂と比べ約 1000 度と低い
○粒径分布は生成過程の噴火様式によって異なる
　苦鉄質（シリカに乏しい）マグマ ⇒ 溢流的噴火 ⇒ 細粒粒子の生産率少ない
　珪長質（シリカに富む）マグマ ⇒ 爆発的噴火 ⇒ 細粒粒子の生産率多い

図 4-24　火山灰の特徴（内閣府資料　http://www.bousai.go.jp/kazan/kouikibousai/pdf/20121107siryo2.pdf）

コラム④ 火山から古代人を守った「火の雨塚」

日本各地に、「火の雨塚」とか「火雨塚（ひさめづか）」とか呼ばれる古墳があります。古代人が火山噴火にあい、火の雨が降ってきたとき、石を積み上げて作られた古墳の石室の中に逃げ込んで助かったという伝承からの命名です。火山からの噴火物を、事実上のシェルターに逃げ込んで助かったということでしょうが、和歌山県白浜町にある火雨塚古墳のように、近くに火山噴火の記録がない場所にもありますので、実際に火雨が降った場所だけでなく、これなら火雨でも守ってくれそうという思いの場所も含まれていると思われます。

1996年発行の『静岡県史別編2自然災害誌』では、静岡県長泉町下土狩にある「火の雨塚」は古墳の石室だが、富士山噴火から住民を守ったとの記述があります。インターネットで検索すると、長泉町本宿火雨塚（本宿253の1）が出てきますが、ここには「火の雨塚」らしき地名はみつかりません。ただ、長泉町にはたくさんの古墳が点在しており、この中でも長泉町下土狩1283の原分古墳は大きなものです。県道沼津三島線が計画されたため、長泉町が移転復元して現在地にあるものです。原分古墳は、長経16mの楕円形の古墳で、墳丘に山ノ神神社が祭られていました。中には長さ10m、幅1・7m、高さ2mの石室があり、移転に伴う発掘調査で銀象眼の鍔（つば）などが出土していますので、駿河東部を治めた首長クラスの墓とされています。6世紀末に作られていますので、800年（延暦19年）から3年続いた大噴火や、864年（貞観6年）から2年続いた大噴火では、伝承のように助かった人がいたかもしれません。となると、付近の古墳と共に「火の雨塚」なのかもしれません。

付表　日本の火山噴火の歴史（死者は行方不明者を含む）

噴火年	地方	山名	備考
510	関東	榛名山	
550	関東	榛名山	下黒井峰村が埋没
684	伊豆諸島	三原山	伊豆大島
708	九州	桜島	
764	九州	海底噴火	錦江湾北部
781	中部	富士山	
800	中部	富士山	801 年、802 年も噴火
806	東北	磐梯山	
826	中部	富士山	
838	伊豆諸島	神津島	
864	九州	阿蘇山噴火	867 年も噴火
	中部	富士山	富士山貞観噴火、富士五湖形成。865 年、870 年も噴火。869 年に貞観地震津波
867	九州	鶴見岳	噴火
871	東北	鳥海山	噴火
874	九州	開聞岳	噴火。885 年も噴火
886	伊豆諸島	新島	
888	中部	八ヶ岳	松原湖形成
915	東北	御倉山	十和田カルデラ形成
932	中部	富士山	937 年、999 年、1017 年、1033 年 1083 年も噴火
1085	伊豆諸島	三宅島	
1108	関東・中部	浅間山	
1281	関東・中部	浅間山	
1387	九州	阿蘇山	
1410	関東	那須岳	
1421	伊豆諸島	三原山	
1473	九州	桜島	
1511	中部	富士山	
1532	関東・中部	浅間山	
1552	伊豆諸島	三原山	
1560	中部	富士山	
1585	中部	焼岳	家屋 300 戸が埋没
1596	関東・中部	浅間山	噴石で多数の死者
1600	伊豆諸島	三原山	
1627	中部	富士山	江戸に黒灰が降る

噴火年	地方	山名	備考
1640	北海道	駒ケ岳	津波が発生し、死者 700 名
1643	伊豆諸島	三宅島	阿古村が溶岩で全焼
1657	九州	雲仙岳	
1663	北海道	有珠山	死者 5 名
	九州	雲仙岳	
1664	沖縄	硫黄鳥島	
1667	北海道	樽前山	
1694	北海道	駒ケ岳	
1670	北海道	十勝岳	
1684	伊豆諸島	三原山	大噴火
1686	東北	岩手山	1687 年も噴火
1700	中部	富士山	
1707	中部	富士山	宝永の大噴火。1708 年も噴火
1712	伊豆諸島	三宅島	
1719	東北	岩手山	
1721	関東・中部	浅間山	噴石で登山者ら 15 名が死亡
1739	北海道	樽前山	
1741	北海道	渡島大島	
1754	関東・中部	浅間山	
1763	伊豆諸島	雄山	三宅島
1767	北海道	渡島大島	岩屑雪崩と津波で 1467 名死亡
1769	北海道	有珠山	
1777	伊豆諸島	三原山	有史以来最大の噴火
1779	九州	桜島	死者 150 名（安永大噴火）、1781 年の噴火で死者 15 名
1783	伊豆諸島	青ヶ島	死者 7 名。1785 年の噴火では 130 ～ 140 名死亡
	関東・中部	浅間山	鬼押出ができる。死者 1151 名
1796	沖縄	硫黄鳥島	1829 年も噴火
1801	東北	鳥海山	死者 8 名
1804	北海道	樽前山	～ 1817
1822	北海道	有珠山	火砕流で 103 名死亡
1835	伊豆諸島	三宅島	
1841	九州	口永良部島	村落焼亡で死者多数
1846	伊豆諸島	三原山	
1853	北海道	有珠山	
1855	沖縄	硫黄鳥島	1868 年も噴火
1856	北海道	駒ケ岳	噴石と火砕流で死者 19 ～ 27 名
1857	北海道	十勝岳	

噴火年	地方	山名	備考
1867	北海道	樽前山	1874 年、1883 年、1885 年、1886 年、1887 年、1894 年も噴火
1874	伊豆諸島	三宅島	死者 1 名
1887	北海道	十勝岳	死者 461 名
1888	東北	磐梯山	死者 461 名（477 とも）
1893	東北	吾妻山	水蒸気爆発で調査官 2 名死亡
1898	北海道	丸山	
1900	東北	安達太良山	火口の硫黄採掘所全壊で 72 名死亡
1902	伊豆諸島	鳥島	島民 125 名全員が死亡
1903	沖縄	硫黄鳥島	
1905	北海道	駒ケ岳	
1909	中部	焼山	
	関東・中部	浅間山	1911 年も噴火。1912 年の噴火では死者 2 名
	北海道	樽前山	
1910	北海道	有珠山	死者 1 名。
1912	伊豆諸島	三原山	
1913	中部	焼山	北アルプス。大正池を形成。1915 年も噴火
1914	九州	桜島	大正の大噴火で死者 58 名。桜島が大隅半島と陸続きとなる
1917	北海道	樽前山	1918 年、1919 年、1920 年、1921 年、1923 年、1926 年、1928 年も噴火
1919	伊豆諸島	三原山	1922 年も噴火
	北海道	駒ケ岳	1923 年、1924 年も噴火
1920	関東・中部	浅間山	
1925	北海道	十勝岳	1926 年の噴火では融雪型火山泥流（大正泥流）で 144 名死亡。1927 年、1928 年も噴火
1929	北海道	駒ケ岳	
1930	九州	阿蘇山	
1931	関東・中部	浅間山	1932 年も噴火
1932	中部	焼岳	
	東北	駒ケ岳	秋田県
1933	九州	阿蘇山	中岳が 150 年ぶりに噴火。1934 年、1935 年も噴火
	北海道	樽前山	1936 年、1944 年も噴火
1934	伊豆諸島	鳥島	
1935	九州	桜島	1939 年、1941 年も噴火
1936	関東・中部	浅間山	死者 1 名
1937	関東・中部	白根山	
	北海道	駒ケ岳	泥流で死者 2 名
1939	伊豆諸島	鳥島	

噴火年	地方	山名	備考
1940	伊豆諸島	三宅島	火山弾、火山泥流で 11 名死亡
	九州	阿蘇山	
1942	北海道	駒ケ岳	
1943	北海道	有珠山	1945 年も噴火
1944	北海道	昭和新山	
	東北	須川岳	岩手県
1946	九州	桜島	1948 年、1950 年、1954 年も噴火
	九州	阿蘇山	1947 年、1950 年も噴火
1947	北海道	十勝岳	
	関東・中部	浅間山	1949 年、1950 年、1953 年、1954 年、1955 年、1957 年、1958 年、1959 年、1961 年も噴火
1949	中部	焼山	新潟県
1950	東北	吾妻山	
	伊豆諸島	三原山	1951 年、1953 年、1954 年、1956 年、1958 年も噴火
1951	北海道	樽前山	1953 年、1954 年、1955 年 1978 年、1979 年、1981 年も噴火
1952	伊豆諸島	海底火山	明神礁爆発。海上保安庁の観測船沈没で 31 名死亡
1953	九州	阿蘇山	1955 年も。1958 年噴火では噴石で 12 名が死亡
1955	九州	桜島	1956 年、1959 年、1960 年、1961 年、1963 年、1966 年、1967 年、1969 年、1970 年、1972 年、1973 年、1974 年、1975 年、1976 年、1977 年、1978 年、1980 年、1984 年、1985 年、1986 年、1987 年、1990 年も噴火
1956	九州	諏訪之瀬島	
1959	九州	霧島山	1962 年も噴火
	沖縄	硫黄鳥島	1967 年、1968 年も噴火
	北海道	雌阿寒岳	1965 年も噴火
1962	中部	焼岳	
	北海道	十勝岳	死者 5 名
	伊豆諸島	三宅島	1966 年も噴火
1963	伊豆諸島	三原山	1965 年、1966 年、1967 年、1968 年、1969 年も噴火
	九州	阿蘇山	1965 年、1967 年、1971 年、1973 年、1974 年、1975 年、1977 年、1979 年も噴火
	中部	焼山	
	関東	那須岳	
1965	北海道	雌阿寒岳	1966 年、1967 年も噴火
	関東・中部	浅間山	
1966	九州	口永良部島	1967 年も噴火
1967	九州	諏訪之瀬島	1968 年、1969 年も噴火
	南西諸島	鳥島	

噴火年	地方	山名	備考
1968	伊豆諸島	硫黄島	1969 年も噴火
	伊豆諸島	鳥島	
1970	東北	駒ケ岳	
1973	関東・中部	浅間山	
	北方領土	爺々岳	160 年ぶりの噴火
	伊豆諸島	西之島	
1974	中部	焼山	
1976	関東	白根山	
1977	九州	諏訪之瀬島	
	北海道	有珠山	1978 年も噴火
1979	中部	御岳山	有史以来初の噴火
1981	北方領土	爺々山	
1982	関東・中部	浅間山	1983 年も噴火
	関東	白根山	1983 年も噴火
1983	伊豆諸島	三宅島	1986 年、1987 年も噴火
1985	九州	阿蘇山	1990 年も噴火
1986	伊豆諸島	三原山	1987 年も噴火
1988	北海道	十勝岳	1989 年も噴火
	北海道	雌阿寒岳	1996 年、2008 年も噴火
1989	関東	白根山	
	中部	海底噴火	静岡県伊東市沖
1990	関東	浅間山	
	九州	雲仙普賢岳	1991 年に火砕流で死者 43 名
1991	中部	御嶽山	2007 年も噴火
	九州	霧島山	1992 年も噴火
1994	伊豆諸島	硫黄島	1999 年、2001 年、2004 年も噴火
1996	北海道	駒ケ岳	1998 年、2000 年も噴火
1998	九州	薩摩硫黄島	1999 年、2000 年、2001 年、2002 年、2003 年、2004 年も噴火
1999	九州	諏訪之瀬島	～ 2013 年
2000	北海道	有珠山	緊急火山情報で 17000 名が避難し、死傷者なし
	伊豆諸島	三宅島	埋没 649 世帯。2001 年、2002 年、2004 年、2005 年、2006 年、2008 年、2009 年、2010 年、2013 年も噴火
	北海道	駒ケ岳	
	九州	桜島	2001 ～ 2013 年
2001	伊豆諸島	硫黄島	
2002	関東・中部	浅間山	2003 年、2004 年、2008 年、2009 年も噴火
	伊豆諸島	伊豆鳥島	

噴火年	地方	山名	備考
2003	九州	阿蘇山	2005 年、2009 年、2011 年も噴火
	九州	薩摩硫黄島	
2008	九州	霧島山	2010 年、2011 年も噴火
2012	伊豆諸島	硫黄島	
2013	伊豆諸島	西之島	
	九州	薩摩硫黄島	
2014	中部	御嶽山	
	小笠原諸島	西之島	海底噴火。旧西之島を飲み込む
2015	九州	口永良部島	爆発的噴火により初の火山に関する特別警報発表
	関東	箱根山	小規模噴火
	九州	阿蘇山	

日本の主な火山の豆知識

（噴火警戒レベルは、２（相当を含む）以上を記載、２０１７年９月現在）

【北海道】

●有珠山（標高７３３ｍ：大有珠、標高３９８ｍ：昭和新山、標高６６９ｍ：有珠新山）

（第３章３-３参照）

●北海道駒ケ岳（標高１１３１ｍ：剣ヶ峯）

北海道南部の渡島半島にある北海道駒ヶ岳は、渡島富士と呼ばれる安山岩質の孤立した成層火山です。北海道駒ヶ岳は、10万年前より以前に活動を開始し、約４万年前までに溶岩や火砕物を噴出し、その後、山体崩壊と爆発的噴火を繰り返しています。軽石などの火山砕屑物を大量に噴出する特徴がありますので、北海道駒ケ岳の周囲には火山砕屑物が厚く堆積し、雨が降ると流出して二次災害が発生しています。

北海道駒ケ岳は６０００年あまりの休止期をおいて、約６８００年前から６３００年前にかけて活動を再開し、この間の約５００年間に４回の爆発的噴火があり、その後、６０００年あまりの休止期の後、１６４０年（寛永17年）に噴火を再開しています。このときの火山爆発指数５の大噴火にさきがけて大規模な山体崩壊が約1kmにわたって起き、噴火湾に流入した大量の土砂によって発生した津波で、対岸の有珠湾沿岸では約700名が溺死しています。その後、山頂部が崩壊し、現在のような二つの峰と大沼、小沼などの湖沼が形成されました。また、1856年（安政3年）に大噴火では、軽石流で19〜27名が亡くなり、1929年（昭和4年）6月17日の大規模なマグマ噴火では、泥流を伴って死者2名などの大きな被害が発生しました。

●樽前山（たるまえさん）（標高1041m：樽前山、標高1102m：風不止岳）

北海道南西部にある支笏湖（しこつこ）の南側にある樽前山は、約4500年前に水蒸気噴火した風不死岳、恵庭岳とともに支笏三山の一つに数えられています。活動開始時期は約9000年前とされ、その後、約6500年の休止期の後、約2500年前から第2期の噴火、1667年（寛文7年）9月の火山爆発指数5の大規模なマグマ噴火以降、第3期の活動期に入っていますが、有史時代の噴火は全て山頂で起こっています。1667年の降下火砕物は東方に広く堆積し、15km以上離れた現在の苫小牧で約2mに達し、また、1739年（元文4年）の火山爆発指数5の大規模なマグマ噴火では、1667年のときより北に厚く堆積し、現在の千歳空港付近で1mの降下火砕物が積もっています。この2回の噴火によって山頂に直径1・3kmの大きな火口ができました。19世紀以降は大規模噴火は発生していませんが、1909年（明治42年）1月~5月の中規模なマグマ噴火の後、山頂には溶岩ドーム（最大径約450m、比高約120m）が形成されています。この溶岩ドームは比較的大きい上に、山体とは異なった色（黒色）をしているため、樽前山のランドマークとなっています。また、1926年（大正15年）10月30日の水蒸気噴火の爆発音は札幌まで聞こえ、オホーツク海沿岸まで降灰が降っており、昭和になってからもときどき水蒸気噴火がありました。

●十勝岳（標高2077m）

十勝岳は、北海道の中央部にある十勝岳連峰（十勝火山群）の主峰です。1926年の噴火口や1962年の噴火口からは盛んに噴煙が上がり、山頂付近は火山灰に覆われています。約100万年前ころまでに噴出した流紋岩などで大地ができ、約50万年前から、富良野岳や美瑛岳などの成層火山が形成されたのち、現在の最高峰である十勝岳が生じました。その後十勝火山群は休息期に入り、約1万年前に活動を再開し、4700~3300年前の山体崩壊とともに爆発的噴火が繰り返されています。約500年前頃からは中央火口丘での活動となっており、1857年（安政4年）や1887年（明治20年）の噴火では周辺に灰を降らし、1923年（大正12年）には溶けた硫黄の沼ができています。1926年5月24日の中央火口丘西側で発生した大規模な水蒸気爆発により生じた岩屑雪崩は、山頂付近の残雪を溶かして泥流を発生させました。この泥流は美瑛川と富良野川を一気に流下し、上富良野を中心に死者・行方不明者144名という大災害を引き起こしました。また、2日にも小噴火を起こし、2名が行方不明となっています。

中央火口丘付近からは良質な硫黄が採掘されていましたが、1962年6月30日の大規模な噴火で硫黄鉱業所が火山弾の直撃で破壊されて5名が亡くなり、硫黄が採取できた噴気孔の大半が噴石で埋没したことから廃鉱となっています。1988年12月の小噴火では、周辺140㎞にわたり降灰があり、美瑛町、上富良野町の住民約300名が一時避難をしました。

●雌阿寒岳（めあかんだけ）（標高1499m：雌阿寒岳、標高1476m：阿寒富士、標高1371m：雄阿寒岳（おあかんだけ））

北海道東部にある雌阿寒岳は、近くにある阿寒富士、雄阿寒岳とともに、一般的には阿寒岳と呼ばれています。阿寒岳は、1000〜2500年前に形成された阿寒富士火山帯ですが、活発な活動は雌阿寒岳だけです。登山道の整備がされ、初心者でも登りやすい山であることや、登山コースからの眺めが良いことから人気のある山ですが、近年も、2006年（平成18年）3月21日など、小規模の噴火を繰り返していて、そのたびに、登山禁止と解除をくり繰り返しています。2015年には、規模の小さな火山性地震が増加し、火口付近の地熱域が拡大したことから気象庁は7月25日に火口周辺警報を発表し、噴火警戒レベルを1から2へ引き上げ、火口から500mの範囲で噴石に警戒を呼びかけています。

【東北地方】

●**十和田カルデラ**（標高690m：御倉山、標高1011m：御鼻部山、標高1054m：十和田山（御子岳））

十和田湖は、青森県と秋田県の県境にあり、十和田火山の噴火で形成されたカルデラ湖です。御倉山と中山半島により、東湖（ひがしのうみ）、中湖（なかのうみ）、西湖（にしのうみ）の3つに分かれており、湖で一番深いのは中湖です。十和田湖付近では、約20万年前から活動を開始し、流出と爆発的噴火によって火山群が形成され、その後、約5万5千年前頃から規模の大きなマグマ水蒸気噴火を繰り返すようになり、約5万5千年前には奥瀬火砕流、約3万6千年前には大不動火砕流、約1万5千年前には八戸火砕流が発生しています。これらの噴火の結果、直径約11㎞の十和田カルデラが形成されたのですが、約1万5000年～1万2000年前の間に、カルデラ内で溶岩の流出と爆発的噴火が繰り返し、1万3000年前の噴火による火砕流は青森市付近まで到達しています。その後、約1万年前に十和田カルデラ内部に五色岩火山が形成され、5400年前の噴火では火口壁が崩壊し、湖水が火口に流入し中湖ができています。

日本国内で過去２０００年間に起きた最大規模の大噴火が、９１５年（延喜15年）の十和田火山噴火で、火砕流は周囲20㎞を焼払っています。このときの火山灰は十和田湖の西側を中心に東北地方一帯を広く覆い、甚大な被害をもたらしました。火山灰は、通常は偏西風に乗って十和田湖の東側に流れるのですが、この年は強いやませの影響で東風が吹いていたと考えられています。つまり、西側の日本海側は十和田火山の火山灰被害で、東側の太平洋側はやませによる冷害でと、広い範囲で食糧不足が起きたと推定されています。米代川流域から発見される平安時代の家や什器（じゅうき）などは、この噴火後に発生した大洪水によって埋まったものと考えられています。

●磐梯山（標高１８１６ｍ：磐梯山）
（コラム①参照）

●安達太良山（あだたらやま）（標高１７２８ｍ：箕輪山、標高１７１０ｍ：鉄山、標高１７００ｍ：安達太良山）
安達太良山は、福島県中央部の東西９㎞、南北14㎞にわたる成層火山群の総称で、北から鬼面山、箕輪山、鉄山（てつざん）・篭山、矢筈森（やはずもり）、安達太良山（本峰）、和尚山などが南北に連なっています。安達太良山の噴火は、45〜55万年前から大規模な火砕流の噴出に始まり、約25万年前に箕輪山から和尚山にかけての火山列主要部が形成されました。約12万年前以降から約3万年前までは1〜2万年間隔で小規模なマグマの噴出が繰り返され、1万年前からはマグマ噴火ないし水蒸気噴火の繰り返しとなっています。約2400年前のマグマ噴火以降は、時折、マグマ水蒸気爆発を繰り返す程度となっていますが、1900年7月17日の沼ノ平での水蒸気爆発では、火砕サージ（火砕流に似ているが火山ガスの割合が多いために密度が小さく高速で流動する）が沼尻鉱山を襲い、72名が死亡しています。また、1997年9月15日には沼ノ平火口付近で硫化水素ガスにより登山者4名が死亡していますが、この事故以後も沼ノ平火口の周辺は火山ガスを噴出し続けていますので、通行禁止となっています。

●蔵王山（標高1841m：山形県最高峰の熊野岳、標高1736m：地蔵山、標高1672m：五色岳、標高1825m：宮城県最高峰の屏風岩、標高1758m：刈田岳）

蔵王山は宮城県と山形県にまたがる蔵王連峰の総称で、裾野には多くのスキー場や温泉があって、両県とも主要な観光地となっています。100万年から70万年前は海底火山として噴火していましたが、30万年ほどの休止期間をへて、40万年前から10万年前の溶岩流を伴う噴火活動によって熊野岳や刈田岳などを形成しています。７万年前には大きな山体崩壊をし、３万年前にカルデラ内で生じた火山が五色岳です。五色岳の火口湖の御釜（おかま）は、約２０００年前から活動を続けており、蔵王山の噴火被害の多くは、御釜の内外で発生した噴火の火砕流によるものです。仙台管区気象台は、２０１５年４月13日に御釜周辺の火山性地震が活発になってきたとして、噴火警戒レベルを１から２へ引き上げましたが、２０１５年６月16日には噴火警戒レベルを２から１に引き下げています。

●吾妻山（あづまやま）（標高２０３５ｍ：西吾妻山、標高１９７５ｍ：東吾妻山、標高１９４９ｍ：一切経山、標高１９３１ｍ：中吾妻山、標高１７０５ｍ：吾妻小富士）

吾妻山は、山形県と福島県の県境にそって東西に伸びる吾妻連峰の総称です。１５０万年前から１００万年前に火山活動が始まり、西吾妻火山群と中吾妻火山群は30万年前に活動が終わっています。東吾妻火山群は28万年前から10万年前に山体崩壊が起き、浄土平を火口底とするカルデラを形成しています。その後、７０００年から１０００年前までの活動で吾妻小富士などができています。歴史年代になってからの噴火は一切経山（いっさいきょうざん）からの噴火に限られ、水蒸気噴火である明治噴火（１８９３―１８９５）では、火口付近を調査中だった地質調査所の職員２名が死亡しています。仙台管区気象台では、２０１４年（平成26年）12月12日に一切経山の大穴火口付近で火山性地震が増えたことから噴火警戒レベルを１から２へ引き上げています。

【関東・中部地方】

●富士山（標高３７７６ｍ：剣ヶ峯）

（第３章３-２参照）

●浅間山（標高２５６８ｍ：浅間山）

浅間山では、２００８年８月８日に噴火警戒レベルを１から２の火口周辺規制へ、２００９年２月１日に噴火警戒レベルを２から３の入山規制へ引き上げていますが、２００９年４月７日に３から２へ、２０１０年４月15日に２から１へ引き下げています。その後、浅間山では２０１５年（平成27年）４月下旬頃から浅間山の山頂直下のごく浅いところを震源とする火山性地震が多い状態が続き、二酸化硫黄の放出が増加したことから火山活動が高まっているとして、６月11日に噴火警戒レベルを１から２（火口周辺規制）に引き上げています（第３章２-２参照）。

●御嶽山（標高3067：御嶽山）

2016年（平成24年）9月27日に南側斜面を火砕流が流れたため、気象庁では、火口から4㎞の範囲に影響を及ぼす噴火を想定し、噴火警戒レベルを1から3に引き上げましたが、2017年6月26日には、噴火警戒レベルを3から2へ引き下げています（第1章参照）。

●箱根山（「中央火口丘」標高1438m：中央火口丘最高峰の神山、標高1409m：冠ケ岳、標高1356m：箱根駒ケ岳、「外輪山」標高948m：屏風山、1212m：金時山（足柄山）、標高1011m：大観山）

気象庁では、2015年（平成27年）5月6日に火山性地震が増加したなど、火山活動が高まったことから、火口周辺から2㎞以内の範囲内に大きな噴石のおそれがあるとして、噴火警戒レベルを1から2の火口周辺警報に引き上げています。また、2015年6月30日に大涌谷でごく小規模な噴火が発生したことを確認したことから、大涌谷周辺の想定火口付近から700mの範囲まで影響する噴火の可能性があるとして、噴火警戒レベルを2の火口周辺警報から3の入山規制に引き上げていますが、火山性地震が減少したことや山体膨張が停止したことなどから、9月11日にレベル2の火口周辺警報に引き下げています（第1章参照）。

●草津白根山（標高２１６０ｍ：白根山）

群馬県の草津白根山は、山頂付近には複数の火口湖が形成され、湯釜、水釜、涸釜と呼ばれています。８５００年前の噴火では香草（かくさ）溶岩が流出し、３０００年前の噴火では殺生（せっしょう）溶岩の噴火が流出していますが、最近の３０００年間は小規模な噴火を繰り返しています。有史以降の噴火は白根山山頂周辺で起き、近年の噴火活動は全て水蒸気爆発です。湯釜（ゆがま）の火口湖は、直径約３００ｍ、水深約30ｍで、pHが１・０前後と、世界でも有数の酸性度が高い湖です。これは、火山ガスに含まれる塩化水素や二酸化硫黄が水に溶け込み、塩酸や硫酸となったためと考えられています。１９６０年頃までは、湖底や沿岸に沈殿している硫黄や、噴気孔から噴出する蒸気からの硫黄の採取が行われていましたが、たびたび噴火に伴う高温の蒸気やガスによって鉱山労働者に死傷者が出ていました。１８９７年7月４日の小規模水蒸気噴火（湯釜）で硫黄採掘所が全壊し、１９３２年10月１日の水蒸気噴火では火山泥流が発生し、２名が死亡しています。また、硫化水素に富んだ噴気によって１９７1年にスキーヤーが６名、１９７６年に遠足の女子高生ら３名が死亡しています。

２０１４年は3月上旬から湯釜付近及びその南側を震源とする火山性地震が増加するなどしたことから、同年６月３日に噴火警戒レベルが1から2の火山周辺警報に引き上げられました。噴火の可能性があるので、山頂火口から１㎞の範囲での警戒を呼びかけています。

【伊豆諸島・小笠原諸島】

●伊豆半島東部沖合の海底火山

火山は、富士山のように同一箇所で繰り返し噴火が起こって形成された複成火山と、1回だけの噴火で形成された単成火山に分けられます。日本の火山は圧倒的に複成火山が多いのですが、伊豆半島東部から沖合にかけては、標高580mの大室山をはじめ、100ほどの単成火山があります。しかし、これらの火山は、一連のマグマ活動と考えられるため、複成火山扱いとなり、伊豆東部火山群と呼ばれています。伊豆東部火山群は、15万年前から活発となり、大室山は5000年前の噴火でできました。約2700年前に岩ノ山—伊雄山火山列で割れ目噴火が起き、その後は平穏でしたが、1989年7月13日に伊東沖約3㎞で海底噴火が起き、水面下81mの海底に火口の直径200mという火山ができました。有史以来初めてという伊豆東部火山群の噴火は、沢山の観測機器で詳細な記録がとられ、海岸線から噴火に伴う高さ113mの水柱が目撃されました。このとき、海上保安庁の測量船「拓洋」が、群発地震海域の海底地形の精密測量を実施しており、噴火の13分前にここを通過していました。1952年（昭和27年）9月24日に伊豆諸島南部の明神礁（みょうじんしょう）の噴火で海上保安庁の測量船「第五海洋丸」が巻き込まれ、31名が殉職していますが、その二の舞が起きるところでした。当時の領海の範囲は陸地から3海里以内で、公海上で新たに発見した島は第一発見国がその領有を宣言できるため、アメリカ、ソビエト（当時）、中国、韓国、フィリピンなどの船舶が頻繁に行き来していましたので、日本も油断ができなかったのです。１９８２年の国連海洋法条約で領海は12海里となっていますので、現在、明神礁付近で新しい島ができても、日本の領海内の島ですので、自動的に日本領となります。

●**伊豆大島**（標高７５８ｍ：三原新山）

（第３章３-３参照）

●**三宅島**（標高７７５ｍ：雄山）

２００８年３月31日に噴火警戒レベルが導入されたとき、三宅島では火口周辺警報（噴火警戒レベル2、火口周辺規制）でしたが、２０１５年6月5日には噴火警戒レベルを2から1に引き下げとなっています（第３章３-３参照）。

●**伊豆鳥島**（標高３９４ｍ：硫黄山）

東京都庁から南へ５８２㎞の伊豆鳥島は、鳥島カルデラと呼ばれる海底火山の南縁部に位置する、直径２・７㎞のほぼ円形の火山島です。江戸時代までは無人島でしたが、アホウドリなどの海鳥が数多く生息していたため、明治になると人が住み始め、羽毛採取や食肉のための乱獲が始まりました（１０００万羽が乱獲され、捕獲が禁止された１９３３年には50羽ほどしか生息していませんでした）。アホウドリが人間に対して警戒心がなく、飛び立つまでの動作が緩慢であることから容易に捕獲することができたからですが、このことは、漂着した多くの人の命を救っています。例えば、幕末から明治にかけて活躍した土佐のジョン万次郎ら５名は、漂着した鳥島で３ヶ月を過ごしたのち、アメリカの捕鯨船に救助されています。

人が住み始めると伊豆鳥島の噴火の様子がわかるようになるのと同時に、被害が出始めます。１９０２年８月７日~９日の大噴火では、１２５名の島民が全員犠牲となり、無人島になってしまいました。１９４７年に台風防災を目的に気象庁鳥島気象観測所が開設され、有人の島となりますが、群発地震が１９６５年に起きたため閉鎖となり、再び無人島になっています。

●西之島

２０１３年（平成25年）11月20日、西之島の南東５００ｍ付近で、黒色噴煙を伴う噴火が確認され、直径２００ｍの新たな陸上部が認められたことから、気象庁では、今後も噴火が発生する可能性があるとして、火口付近での警戒を呼びかけるため、火山周辺警報（火口周辺危険）を発表しています。その後、噴火による噴石等の堆積や溶岩の流出が継続し、新たに形成された陸地が拡大していることから、２０１４年６月３日に火口周辺警報（火口周辺危険）から火口周辺警報（入山危険）に引き上げています。なお、西之島は、噴火警戒レベル対象外火山ですので、レベルの数値はありません（第１章参照）。

【九州】

●阿蘇山（標高１５９２ｍ：高岳、標高１５０６ｍ：中岳）

熊本県に位置する阿蘇山は、広大なカルデラ地形（東西17㎞、南北25㎞）や雄大な外輪山を含めた全域をさします。このカルデラは、約27万年前から９万年前までの４回の大規模な火砕流の噴出に伴って形成されたものです。多くのカルデラは、カルデラ内に大きな火口湖ができたり、外輪山の一部が吹き飛んでいますが、阿蘇山はカルデラの中に立って周囲の外輪山を見渡すことができるという意味で、珍しいカルデラです。カルデラ内部の中央の高い山々を阿蘇五岳と呼んでいます。阿蘇五山中央部の中岳、一番高い山が高岳ですが、偶然にも標高が１５９２「ひごくに（肥後国）」の語呂合となっています。有史以降も噴火を繰り返しているのが中央火口丘群の中岳です。中岳の噴火活動は、噴火↓噴火の沈静化

↓カルデラ湖形成↓カルデラ湖の消失↓噴火孔の形成↓噴火孔の赤熱現象↓噴火というサイクルを繰り返しています。このため、噴火の予測が容易で、火山活動が活発化したり、有毒ガスが発生した場合は火口付近の立入りが規制されますが、平穏な時期には火口間際までの大量の観光客の誘導が可能になっています。

福岡管区気象台は、2013年（平成25年）9月25日に噴火警戒レベルを1から2に引き上げ、10月11日に噴火警戒レベルを2から1に引き下げています。さらに、12月27日に噴火警戒レベルを1から2に引き上げ、2014年3月12日に噴火警戒レベルを2から1に引き下げています。そして、2014年8月30日には噴火警戒レベルを1から2に引き上げています。また、2015年9月14日には大きな噴石と2000mまで上がる噴煙を伴った噴火が起き、噴火警戒レベル3（入山規制）に引き上げられました。

●**雲仙普賢岳**（標高1483m：平成新山、標高1359m：普賢岳、標高1347m：国見岳）

（第3章3-3参照）

●**桜島**（標高1117m：御岳（北岳）、標高1060m：南岳）

福岡管区気象台・鹿児島地方気象台は、2007年（平成19年）12月1日に噴

火警戒レベルを導入しましたが、そのときの噴火警戒レベルは2（火口周辺規制）でした。２００８年2月3日に噴火警戒レベルは2から3（入山規制）へ、2月20日に3から2へ、４月8日に2から3へ、７月14日に3から2へ、7月28日に2から3へ、８月28日に3から2へ、２００９年２月２日に2から3へ、２月19日に3から2へ、３月２日に2から3へ、４月24日に3から2へ、７月19日に2から3へ、２０１０年9月30日に3から2へ、10月13日に2から3へと小まめな切り替えが行われています。その後、多いときには月に１００回以上の噴火が起きています（第3章3-3参照）。

●**霧島**（標高１７００ｍ：韓国岳、標高１４２１ｍ：新燃岳、標高１５７３ｍ：高千穂峰）

霧島の噴火警戒情報は、霧島（新燃岳）と霧島（御鉢）の2つに分けて行います。福岡管区気象台・鹿児島地方気象台は、２００８年（平成20年）８月22日に霧島（新燃岳）で火山性微動が観測され、火山活動が高まっていることから、火口から概ね１㎞の範囲では弾道を描いて飛散する大きな噴石に警戒が必要ということで、噴火警戒レベルを1から2の火口周辺規制に引き上げていますが、同年10月29日に噴火警戒レベルを2から1に引き下げています。また、２０１０年３月30日に噴火警戒レベルを1から２へ引き上げ、同年４月16日に噴火警戒レベルを2から1に引き下げています。さらに、同年5月6日には、噴火警戒レベルを1から2へ引き上げ、2011年1月26日には、小規模な噴火が発生したため、噴火警戒レベルを2から3の入山規制に引き上げ、火口から2km程度の範囲では弾道を描いて飛散する大きな噴石等に警戒を呼びかけています。その後、噴火が活発となっていますが、噴火警戒レベルは3のままでした。しかし、2013年10月22日には、新燃岳の地下深くのマグマだまりへのマグマの供給が停止し、火山活動が落ち着いてきたことから、噴火警戒レベルを3から2へ引き下げています（第3章3-3参照）。

●薩摩硫黄島（標高704m：硫黄岳、標高236m：稲村岳）

平安時代末期から流刑地であった薩摩硫黄島は、九州の大隅半島の南にある鬼界カルデラ（東西23km、南北16km）の北縁にある東西6km、南北3kmの火山島です。最終氷期が終わる1万年前から現在まで、日本最大規模の噴火が、約7300年のアカホヤ火山の噴火で、そのときにできたのが鬼界カルデラです。このときの火砕流は、海を渡って南九州を直撃しています。古事記や日本書紀での天岩戸神話で、天照大神が隠れて世界が暗闇になったという話は、鬼界カルデラを作った大噴火の火山灰による災害とみる考えがありますが、天孫降臨の地である宮崎県高千穂からは鹿児島湾の先に鬼界カルデラを見ることができます。

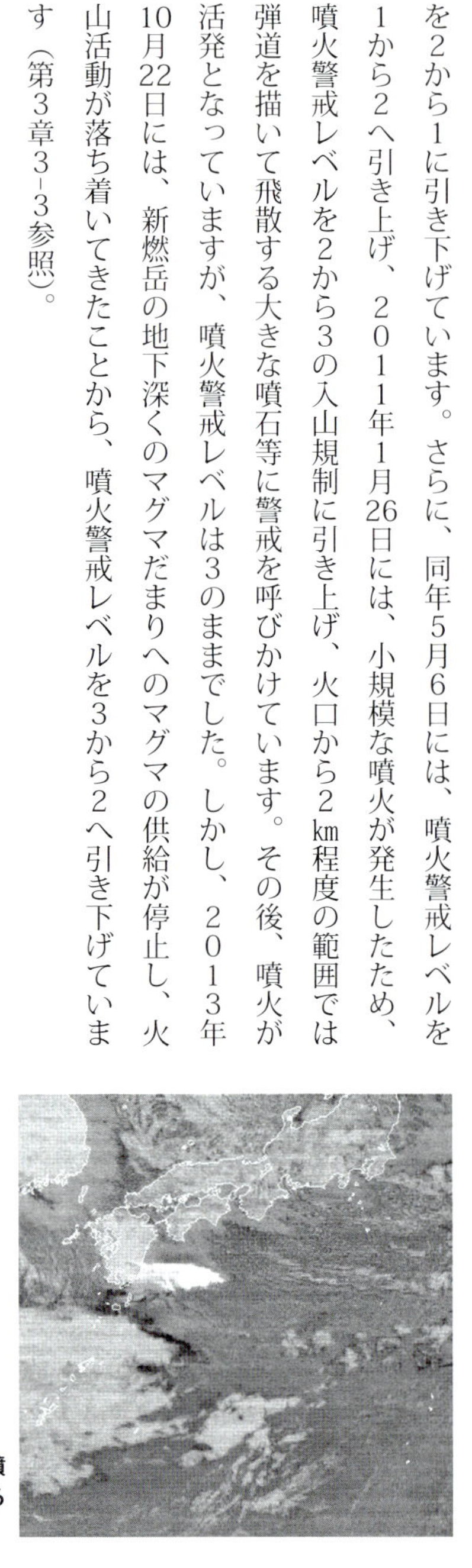

気象衛星から見た霧島噴火の噴煙の赤外差分画像（白く見えるのが噴煙）（気象庁HPより）

アカホヤ火山の大噴火後、薩摩硫黄島では流紋岩の硫黄岳と、玄武岩・安山岩の稲村岳がともに活動を開始しています。二つの山は2㎞位しか離れておらず、地下のマグマの様子は地上に出てくるまではは っきりしたことがわからないという一つの例となっています。稲村岳は、今から3000年前に噴火を停止しましたが、硫黄岳は、頂上に直径450mの噴火口があるほか、南西側にも直径約200mの火口地形があり、噴気活動が活発です。島の周辺海域が黄色に変色していることから「黄海ヶ島」と呼ばれ、これが「鬼界ヶ島」になったという説があるほど、硫黄の噴出が多い山です。平安時代から硫黄などの採掘が行われていましたが、現在は外国からの安い硫黄が輸入されたために廃坑となっています。

福岡管区気象台・鹿児島地方気象台は、2007年（平成19年）12月1日に噴火警戒レベルを導入しましたが、そのときの噴火警戒レベルは2（火口周辺規制）でした。その後、2012年11月29日に噴火警戒レベルが2から1に引き下げられましたが、2013年6月4日に噴火警戒レベルが1から2に引き上げられ、同年7月10日には噴火警戒レベルが2から1に引き下げられています。

●口永良部島（標高657m：新岳）

2014年8月3日に新岳で34年ぶりの噴火があり、福岡管区気象台・鹿児島地方気象台は、噴火警戒レベルを1から3の入山規制に引き上げています。そして、2015年5月29日には新岳で爆発的な噴火があり、火砕流が海岸まで到達し、噴火警戒レベルが3から5の全島避難に引き上げられています（第1章参照）。

●諏訪瀬島（標高799m：御岳）

鹿児島県のトカラ列島の諏訪瀬島は、70万年前からたびたび活発な噴火活動をしており、1813年（文化10年）の噴火では多量の噴出物があり、全島民が島外に避難し、1883年まで無人島になっています。再び有人の島になっても、1884年には御岳の火口から溶岩流が流れ出るなど、噴火が繰り返されている島です。福岡管区気象台・鹿児島地方気象台は、2007年（平成19年）12月1日に噴火警戒レベルを導入しましたが、そのときの噴火警戒レベルは2（火口周辺規制）でした。その後、2015年7月30日に噴煙が火口から高さ1000mに達する小噴火が何回かありますが、噴火警戒レベルは2の火口周辺規制のままです。

参考文献

久保寺章『火山噴火のしくみと予知』古今書院（1991）

饒村曜『図解・地震のことがわかる本』新星出版社（2000）

災害情報センター・日外アソシエーツ編『地震・噴火災害全史』日外アソシエーツ（2008）

林豊・宇平幸一「最近一万年間の火山活動に基づく火山活動指数による日本の活火山のランク分けについて」59〜78頁『験震時報　第71巻』気象庁（2008）

上総付けいちば

日経サイエンス編集部「震災と原発」『別冊日経サイエンス』日経サイエンス社（2012）

饒村曜『東日本大震災（日本を襲う地震と津波の真相)』近代消防社（2012）

笹原雅宏・山崎明「三宅島における黒潮による地磁気全磁力変動」『地磁気観測所テクニカルレポート（第9巻1、2号)』気象庁（2012）

木村学・大木勇人『図解プレートテクニクス入門』講談社（2013）

小山真人「富士山での突発的噴火の可能性と登山者対策——地域の火山防災力をいかに高めるか」『科学、Dec2014 Vol.84 No.12』岩波書店（2014）

気象庁HP（http://www.jma.go.jp/jma/index.html）

内閣府HP（http://www.cao.go.jp/）

索引

【あ 行】

【か 行】

著者略歴

饒村　曜（にょうむら　よう）

1951年新潟県生まれ。1973年新潟大学理学部卒業。気象庁に入り、気象庁予報課予報官、企画課調査官を経て、1995年阪神大震災のときは神戸海洋気象台予報課長。その後、気象庁統計室補佐官、企画課技術開発調整官、海洋気象情報室長、福井・和歌山・静岡地方気象台長などを経て平成23年に東京航空地方気象台長で退官（昭和57年から平成元年まで電気通信大学短期大学部併任で非常勤講師）。気象庁では、予報円を作るなど本業である防災情報改善などのかたわら、ちょっとした知恵があれば被害が軽減できるのではと感じ、テレビ出演や取材対応、わかりやすい著作などを積み重ねてきた。現在は青山学院大学非常勤講師。気象予報士で減災コンサルタント。

主な著書

『日本大百科全書』（小学館：共著）、『地学基礎（高校教科書）』（東京書籍：共著）、『（図鑑）地球・気象』（学習研究社：共著）、『海洋気象台と神戸ｺﾚｸｼｮﾝ』（成山堂）、『気象予報士完全合格教本』（新星出版社）、『台風物語』『防災担当者が見た阪神淡路大震災』（日本気象協会）、『東日本大震災』（近代消防社）『大人の算数・数学再学習』『お天気ニュースの読み方・使い方』『PM2.5と大気汚染がわかる本』『天気と気象100』（オーム社）　他

火山（かざん）　噴火（ふんか）のしくみ・災害（さいがい）・身（み）の守（まも）り方（かた）　定価はカバーに表示してあります。

平成27年12月8日　初版発行

著　者　饒村　曜

発行者　小川　典子

印　刷　株式会社暁印刷

製　本　東京美術紙工協業組合

発行所　株式会社　成山堂書店

〒160-0012　東京都新宿区南元町4番51　成山堂ビル

TEL：03(3357)5861　　Fax：03(3357)5867

URL　http://www.seizando.co.jp

落丁・乱丁本はお取り換えいたしますので，小社営業チーム宛にお送りください。

ISBN978-4-425-51391-8